电子信息类实验实训系列规划教材 

信号分析与处理实验

黄仕建　邢应寿　刘　艳　编著

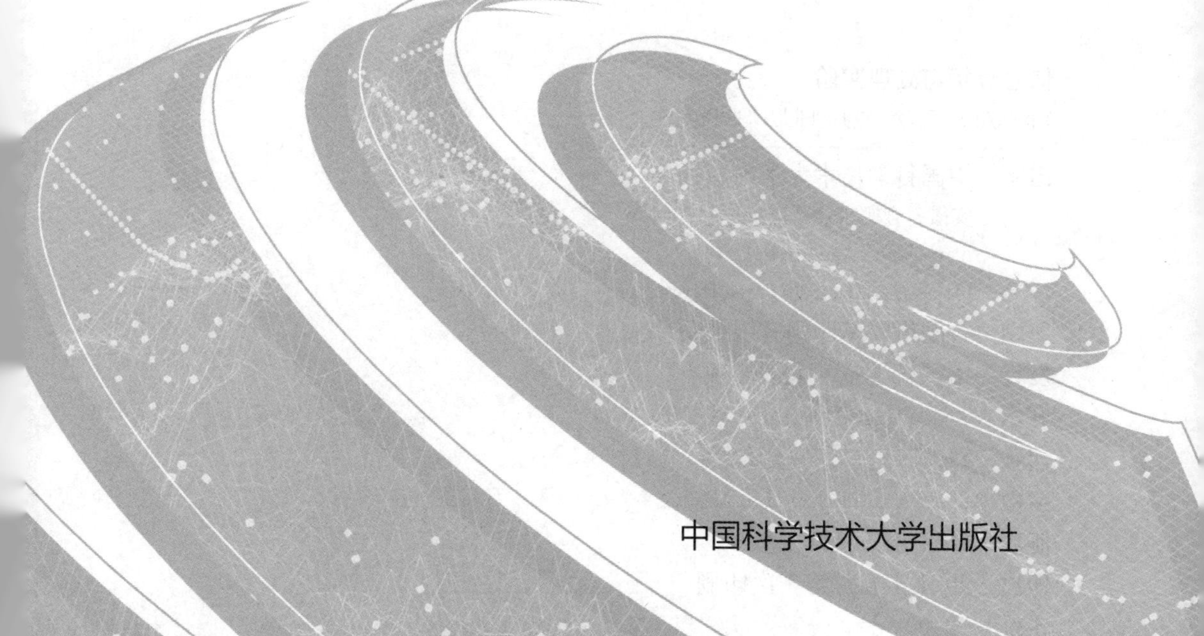

中国科学技术大学出版社

内 容 简 介

本书是“信号与系统”“数字信号处理”“通信原理”三门课程的实验教材。共分为两篇，其中上篇由28个实验组成，实验1～6为“信号与系统”课程实验，实验7～15为“数字信号处理”课程实验，实验16～28为“通信原理”课程实验。下篇为8个信号分析与处理相关的工程案例。学生通过学习这些案例，可以提升综合运用多种信息分析与处理技术解决实际问题的能力。在工程案例中融入了课程思政元素，在培养学生知识能力的同时，对学生进行价值塑造。

本书可作为高等院校电子信息类专业本科生和专科生的信号分析与处理实验教材，也可供相关领域科研工作者和技术人员参考。

图书在版编目(CIP)数据

信号分析与处理实验/黄仕建，邢应寿，刘艳编著. —合肥：中国科学技术大学出版社，2024.5

ISBN 978-7-312-05920-9

Ⅰ. 信…　Ⅱ. ①黄…　②邢…　③刘…　Ⅲ. ①信号分析　②信号处理　Ⅳ. TN911

中国国家版本馆CIP数据核字(2024)第058541号

信号分析与处理实验

XINHAO FENXI YU CHULI SHIYAN

出版　中国科学技术大学出版社
安徽省合肥市金寨路96号，230026
http://press.ustc.edu.cn
https://zgkxjsdxcbs.tmall.com

印刷　合肥市宏基印刷有限公司

发行　中国科学技术大学出版社

开本　710 mm×1000 mm　1/16

印张　14.25

字数　294千

版次　2024年5月第1版

印次　2024年5月第1次印刷

定价　52.00元

前　　言

信息产业是我国战略性新兴产业之一，在国民经济发展中发挥着重要作用。随着信息技术的飞速发展，学习信号分析与处理技术已成为高等院校电子信息类专业学生的迫切需求。在高校电子信息类专业中，“信号与系统”“数字信号处理”“通信原理”是三门非常重要的专业课程，其内容涵盖了信息的分析、处理和传输技术，其应用范围涉及图像处理、人工智能、工程检测和航空航天等众多领域。这三门课程的应用性较强，因此，在学好基本理论、方法的同时需加强实践练习。本书为配合这三门课程的实验教学，编制了 28 个实验项目，同时还介绍了 8 个工程案例，可进一步加深学生对信号分析与处理技术在实际工程领域中应用的认识，从这些案例中学生可以体会到科技强国的重要性，能够激发学生的家国情怀和报国志向。

全书分为两篇，上篇为信号分析与处理的实验项目，下篇为工程案例。在上篇中，设置了 28 个实验，其中实验 1～6 为“信号与系统”课程实验；实验 7～15 为“数字信号处理”课程实验；实验 16～28 为“通信原理”课程实验。在这些实验项目中有对实验软件的学习，有对基本原理的验证，还有综合性较强的设计性项目。下篇为与信号分析与处理技术相关的工程案例，分别从图像处理、人工智能和工程检测等方面介绍了 8 个应用案例。这些工程案例向读者展示了如何运用信号分析与处理技术解决实际问题，可为读者解决其他工程问题提供参考和启发。

本书中实验 1～6 由邢应寿执笔，实验 7～28 由刘艳执笔，案例 1～8 由黄仕建执笔。在本书撰写过程中，还得到了相关专家的大力指导和帮助。笔者所在工作单位长江师范学院的党随虎教授为本书提供了案例素材，并对本书写作进行了大量指导，李松柏教授、谭勇教授、夏良平教授、严文娟副教授、罗军副教授、杜得荣副教授、杨恒副教授、夏锴副教授、白云峰副教授、陈雅老师和蒋丽老师给予了写作指导和帮助，提出了很多宝贵建议。在本书撰写过程中还参考了国内外相关研究者的成果并引用了其中部分内容，在此向相关作者一并表示由衷的感谢！

由于信号分析与处理的理论和技术发展迅速，笔者学识有限，书中若有不足和疏漏之处，恳请广大读者和同行专家批评指正，不吝赐教。作者邮箱：huangshijian@yznu. edu. cn。

黄仕建

2023 年 8 月

目　　录

上篇　实 验 项 目

下篇 工程案例

上篇 实验项目

实验1　MATLAB 基础知识

【实验目的】

1. 初步了解 MATLAB 的基本语法规则。
2. 掌握 MATLAB 矩阵运算和数组运算的基本规则以及基本绘图方法。

【实验原理】

MATLAB(MATrix LABoratory)的中文含义是“矩阵实验室”。刚开始它是专门用来进行矩阵数值计算的软件。后来,经过几十年的不断发展和完善,MATLAB 已适用于工程应用各领域的分析设计与复杂计算。目前,它已拥有数十个工具箱,以供不同专业的科技人员使用。

1. MATLAB 界面的介绍

启动 MATLAB 有多种方式。最常用的方法就是双击系统桌面的 MATLAB 图标。启动 MATLAB 后,其界面如图 1.1.1 所示。

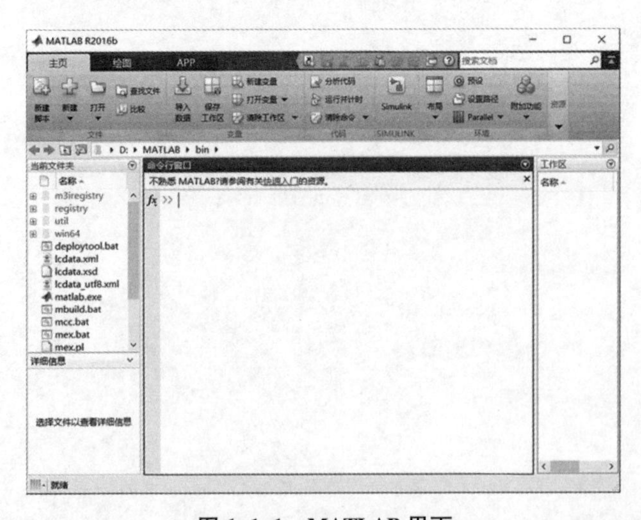

图 1.1.1　MATLAB 界面

(1) 命令窗口

命令窗口主要用于输入数据、运行 MATLAB 函数和脚本并显示结果。其中，以“≫”为运算提示符。如图 1.1.2 所示。

图 1.1.2 MATLAB 命令窗口

(2) 命令历史窗口

MATLAB 会将命令行窗口中运行的语句保存到历史记录文件 History. xml 中。这些语句包括使用工具(例如编辑器、命令历史记录窗口和帮助浏览器)中上下文菜单上执行所选内容选项运行的语句。要打开显示所有历史记录的命令历史记录窗口，请在命令行窗口中点击向上箭头键(↑)或输入 commandhistory。要打开命令历史记录窗口并显示特定语句，请在提示符下键入语句的任何部分，然后点击向上箭头键。如图 1.1.3 所示。

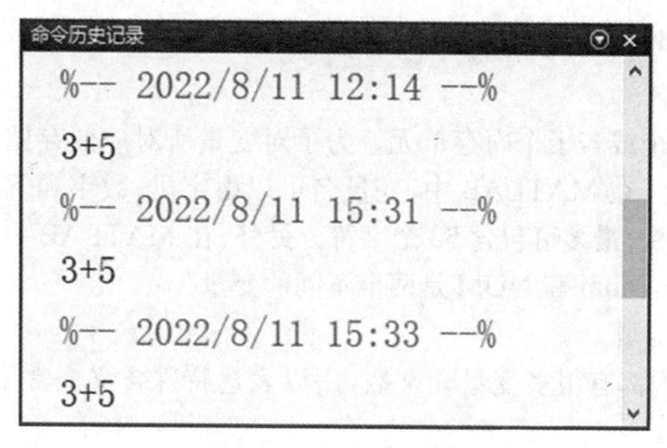

图 1.1.3 命令历史窗口

(3) 工作空间窗口

MATLAB 工作空间由一系列变量组成，主要用于管理变量，具有新建、编辑、保存、载入、删除和打印变量等功能，如图 1.1.4 所示。

(4) 编辑器窗口

单击 MATLAB 主界面“新建”→“脚本”或者在命令行窗口输入 edit，即可打

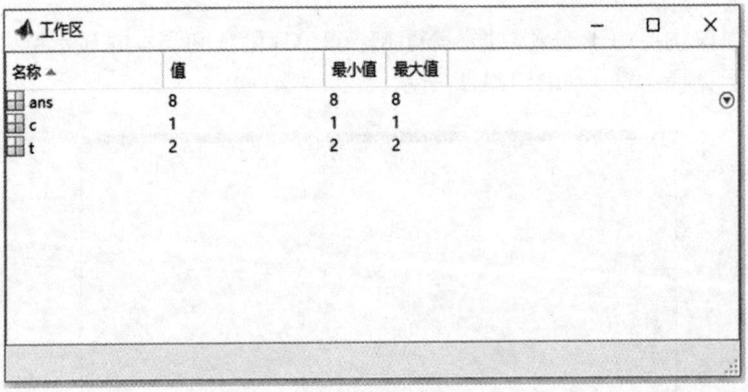

图 1.1.4　工作空间窗口

开编辑器窗口。文件编辑器提供了一个进行文本编辑和 M 文件调试的图形用户界面,如图 1.1.5 所示。

图 1.1.5　M 文件编辑器窗口

2. MATLAB 变量

(1) 变量命名

变量代表一个或若干个内存单元。为了对变量所对应的存储单元进行访问,需要给变量命名。在 MATLAB 中,变量名可以由字母、数字和下划线混合组成,但必须以字母开头,最多可包含 63 个字符。另外,在 MATLAB 中,变量名区分字母的大小写,例如,num 和 NUM 是两个不同的变量。

(2) 预定义变量

MATLAB 内部有很多变量和常数,用以表达特殊含义。常用的预定义变量如表 1.1.1 所示。

表 1.1.1　常用的预定义变量及其含义

预定义变量	含　义	预定义变量	含　义
ans	计算结果的默认赋值变量	nargin	函数输入参数个数
eps	机器零阈值	nargout	函数输出参数个数

续表

预定义变量	含　　义	预定义变量	含　　义
pi	圆周率 π 的近似值	realmax	最大正实数
i,j	虚数单位	realmin	最小正实数
inf,Inf	无穷大,如 1/0 的结果	lasterr	存放最新的错误信息
NaN,nan	不定型值,如 0/0、inf/inf	lastwarn	存放最新的警告信息

3. 矩阵及其运算

(1) 矩阵的生成

① 一般矩阵的生成

矩阵的生成有很多种,最简单的一种是直接在命令行使用方括号来生成,以左方括号开始,以右方括号结束,矩阵同行之间以空格或逗号分隔,行与行之间以分号或回车符分隔。

例 1.1.1　使用方括号生成一个矩阵。

```
>> x = [1 2 3;4 5 6;7 8 9]
x =
     1     2     3
     4     5     6
     7     8     9
```

② 特殊矩阵的生成

特殊的矩阵可直接调用 MATLAB 的函数生成。常用的特殊矩阵函数有 zeros、ones、eye、magic、pascal、rand 等。

例 1.1.2　创建元素全为 0 的矩阵。

```
>> A = zeros(3, 3)
A =
     0     0     0
     0     0     0
     0     0     0
```

例 1.1.3　创建元素全为 1 的矩阵。

```
>> B = ones(3, 3)
B =
     1     1     1
     1     1     1
     1     1     1
```

例 1.1.4　创建单位矩阵。

```
>> C = eye(3, 3)
```

```
C =
        1     0     0
        0     1     0
        0     0     1
```

例 1.1.5 创建魔方矩阵。

```
≫ D = magic(3)
D =
        8     1     6
        3     5     7
        4     9     2
```

例 1.1.6 创建对称矩阵。

```
≫ E = pascal(3)
E =
        1     1     1
        1     2     3
        1     3     6
```

例 1.1.7 创建随机矩阵。

```
≫ F = rand(3, 2)
E =
        0.8147      0.9143
        0.9058      0.6324
        0.1270      0.0975
```

(2) 矩阵的运算

① 矩阵的基本运算

a. 加法运算

进行矩阵运算的两个矩阵的大小完全相同,矩阵的加减运算实际上是两个矩阵对应元素的加减运算。

例 1.1.8 求矩阵 ***A*** 与 ***B*** 的和。

```
≫ A = [1 2 3;4 5 6]
≫ B = [8 9 2;1 4 3]
≫ C = A+B
C =
        9    11     5
        5     9     9
```

b. 减法运算

例 1.1.9 求矩阵 ***A*** 与 ***B*** 的差。

```
>> A = [1 2 3;4 5 6]
>> B = [8 9 2;1 4 3]
>> C = A-B
C =
     -7     -7     1
     3      1      3
```

c. 乘法运算

假定有两个矩阵 $\boldsymbol{A}$ 和 $\boldsymbol{B}$，若 $\boldsymbol{A}$ 为 $m\times n$ 矩阵，$\boldsymbol{B}$ 为 $n\times p$ 矩阵，则 $\boldsymbol{C}=\boldsymbol{AB}$ 为 $m\times p$ 矩阵。

例 1.1.10　求矩阵 $\boldsymbol{A}$ 与 $\boldsymbol{B}$ 的乘积。

```
>> A = [1 2 3;4 5 6]
>> B = [5 4; 2 1; 6 2]
>> C = A*B
C =
     27     12
     66     33
```

d. 除法运算

MATLAB 定义了矩阵的左除及右除。“\”运算符号表示两个矩阵的左除，“/”表示两个矩阵的右除。通常，$\boldsymbol{x}=\boldsymbol{A}\backslash\boldsymbol{B}$ 就是 $\boldsymbol{Ax}=\boldsymbol{B}$ 的解，相当于 inv($\boldsymbol{A}$)$\boldsymbol{B}$。而 $\boldsymbol{x}=\boldsymbol{A}/\boldsymbol{B}$ 就是 $\boldsymbol{xB}=\boldsymbol{A}$ 解，相当于 $\boldsymbol{A}$inv($\boldsymbol{B}$)。

例 1.1.11　试计算矩阵 $\boldsymbol{A}$ 与 $\boldsymbol{B}$ 的左除和右除。

```
>> A = [3 2 2; 4 2 3; 5 2 6]
>> B = [6 7 3; 8 7 1; 9 8 5]
>> C = A\B
C =   2.5000     -0.5000     -5.0000
      -0.2500    3.7500      6.0000
      -0.5000    0.5000      3.0000
>> D = A/B
C =   -0.4038    -0.0577     -0.6538
      -0.9423    -0.1346     1.1923
      -1.5192    -0.7885     2.2692
```

e. 点运算

在 MATLAB 中，有一种特殊的运算，因为其运算符是在有关算术运算符前面加点，所以叫点运算。点运算符有“.*”“./”“./”和“.^”。两矩阵进行点运算是指它们的对应元素进行相关运算，要求两矩阵的维参数相同。

例 1.1.12　试计算矩阵 $\boldsymbol{A}.*\boldsymbol{B}$。

```
≫ A = [1 2 3;4 5 6]
≫ B = [2 1 3;1 3 6]
≫ C = A. * B
C =
    2    2    9
    4    15   36
```

② 矩阵的函数运算

a. 矩阵的行列式

行列式对于查明一个方程组是否有解很有用。行列式是一个特殊的方形阵列，并且还可以简化为一个数。可以使用 MATLAB 的 det 函数求出 $n \times n$ 行列式的值。

例 1.1.13 计算如下的行列式：

$$D = \begin{vmatrix} 3 & 4 & 5 \\ 1 & 2 & 3 \\ 3 & 6 & 9 \end{vmatrix}$$

```
≫ D = [3 4 5; 1 2 3; 3 6 9]
≫ det(D)
  ans = 0
```

b. 矩阵的秩

例 1.1.14 求下列矩阵的秩：

```
≫ A = [1 -2 1;3 4 5;-2 1 7]
≫ rank(A)
  ans = 3
```

c. 矩阵的特征值

例 1.1.15 求下列矩阵的特征值：

```
≫ A = [3 -1; -1 3]
≫ eig(A)
  ans = 2
        4
```

d. 矩阵的逆

例 1.1.16 求下列矩阵的逆：

```
≫ A = [1 0 4; 7 8 3; 2 3 8]
≫ inv(A)
  ans =
        0.7333     0.1600    -0.4267
       -0.6667    -0.0000     0.3333
        0.0667    -0.0400     0.1067
```

4. MATLAB 基本程序控制语句

(1) 循环语句

① for 循环

for 循环语句是流程控制语句中的基础,它以指定的次数重复执行循环体内的语句。

```
for 循环变量 = 起始值:步长:终止值
    循环体;
end
```

起始值和终止值为一整型数,步长可以为整数或小数,省略步长时,默认步长为 1。执行 for 循环时,判定循环变量的值是否大于(步长为负时则判定是否小于)终止值,不大于(步长为负时则小于)则执行循环体,执行完毕后加上步长,大于(步长为负时则小于)终止值后退出循环。

例 1.1.17　给矩阵 ***A*** 赋值。

MATLAB 语句及运行结果如下:

```
k=3;
A=zeros(k) ; %矩阵赋零初值
for m=1: k
for n=1: k
A(m,n)=1/(m+n-1);
end
end
```

② while 循环

while 循环是以执行次数是否达到指定值为判断循环是否结束的条件。

```
while 表达式
循环体;
end
```

其中,循环判断语句为某种形式的逻辑判断表达式,当该表达式的值为真时,就执行循环体内的语句;当表达式的逻辑值为假时,就退出当前的循环体。

例 1.1.18　编程计算 $\sum_{i=1}^{100} x$。

```
i = 1;
sum = 0;
while i < 101
    sum = sum + i;
    i = i +1;
end
```

(2) 条件选择语句

① if 语句

常用的分支结构分为单分支、双分支和多分支结构。

a. 单分支结构

```
if 条件式
    表达式;
end
```

b. 双分支结构

```
if 条件式
表达式 1;
else
    表达式 2;
end
```

c. 多分支结构

```
if 条件式 1
    表达式 1;
elseif 条件式 2
    表达式 2;
    ……
else
    表达式 k;
end
```

例 1.1.19 用条件语句实现对不同范围下 x 的值。

```
x = input('请输入 x 的值:')
if x > 0
    y = x^2;
elseif x == 0
    y = x;
else
    y = -x;
end
fprintf('%d', y);
```

② switch 语句

```
switch 表达式(标量或字符串)
    case 值 1
    语句 1;
```

```
case 值2
语句2;
……
Otherwise
语句n;
end
```

5. MATLAB函数、及其调用方法

MATLAB函数文件的基本结构：

```
function 输出形参表=函数名(输入形参表)
    函数体语句;
    return
```

当输出形参多于一个时，应该用方括号括起来，构成一个输出矩阵。函数文件名通常由函数名再加上扩展名.m组成，函数文件名与函数名也可以不相同。当函数文件名与函数名不相同时，MATLAB将忽略函数名，调用时使用函数文件名。return语句表示结束函数的执行。通常，在函数文件中也可以不使用return语句，那么被调用函数执行完成后会自动返回。

例1.1.20 编写函数文件，求半径为r的圆的面积和周长。

```
function [s, p]=fcircle(r)
s=pi*r*r;
p=2*pi*r;  %文件名必须保存为调用函数名才能调用。
>>[s, p]=fcircle (10)  %函数调用
s = 314.1593
p = 62.8319
```

【实验内容】

1. 构建4行4列的基本矩阵，基本矩阵的显示方式：ones、zeros、eye、magic。

2. 求矩阵$\begin{bmatrix}1 & 2\\3 & 4\end{bmatrix}$的转置矩阵、逆矩阵、矩阵的秩、矩阵的行列式、矩阵的三次幂、矩阵的特征值和特征向量。

3. 用for循环实现1+3+…+100。

4. 给出一百分制成绩，要求输出成绩等级“A”“B”“C”“D”“E”。90分以上为“A”，80～89分为“B”，70～79分为“C”，60～69分为“D”，60分以下为“E”。

5. 编制m文件，输入n(正整数)，显示所有小于n的质数。

6. 从键盘输入若干个数，当输入0时结束输入，求这些数的平均值以及平方和。

7. 求出矩阵 **A** 中每行元素的平均值和平均最大的行号。

8. 设计一个用于计算个人所有税的程序。假设个人所得税的缴纳标准:月收入少于等于 800 元者不纳税;超过 800 元的部分,纳税 5%;超出 2000 元的部分,纳税 10%;超出 5000 元的部分,纳税 20%;超出 10000 元的部分,纳税 30%;超出 100000 元的部分,纳税 40%。

9. 输入一个整数,写一程序输出它是几位数。

10. 利用 rand 产生 10 个随机数,利用 for 循环对其进行排序(从大到小)。

【思考题】

1. 判断以下变量是否合法:

(1) t3; (2) 3xy; (3) _name; (4) for; (5) sin。

2. 矩阵点运算适用于哪些场合?

3. MALTAB 函数调用的规则和要求是什么?

4. MATLAB 的特点是什么?

5. 如何用 MATLAB 计算三角函数值?

6. 如何在 MATLAB 中创建矩阵?

7. 特殊符号";"和":"有何用处?

8. MATLAB 有哪些运算符号及特殊字符?

9. 如何用 MATLAB 绘制标准的图形?

10. 如何保存计算所得的数据结果?

实验 2　连续信号的时域描述

【实验目的】

1. 绘制典型信号的波形。
2. 了解这些信号的基本特征。

【实验原理】

信号一般是随时间而变化的某些物理量。连续信号是指在自变量的连续变化范围内都有定义的信号，一般用 $f(t)$表示。常用信号的波形比较简单，绘制起来比较容易，但有些复杂的信号单纯进行手工绘制波形就很困难，且不太精确。MATLAB 具有强大的图形处理功能及符号运算功能，且有丰富的函数库，为实现信号的可视化提供了强有力的工具。

1. MATLAB 绘图语句

MATLAB 绘图涉及的常用语句有 figure、plot、stem、subplot 等。另外，图形修饰语句主要有 title、axis、text 等。

(1) figure 函数

figure 有三种常用用法，第一种用法，直接输入 figure 命令，会创建一个新的图形窗口，并返回一个整数型的窗口编号。这种用法最简单，它创建一个窗口，其各种属性都是采用默认设置。它创建的窗口立即成为当前窗口，并显示在其他窗口之上，直到新的窗口被创建或者其他窗口被唤醒。

第二种用法，figure 则可以指定某些属性。格式为 figure('PropertyName', propertyvalue…)。例如"Name"，则可以指定该窗口的标题，如 figure('Name', '处理结果')；"Position"属性则指定窗口的大小和位置，如 figure('Position', [600,600,300,300])。

第三种用法，figure(n)表示将第 n 号图形窗口作为当前的图形窗口，并将其显示在所有窗口的最前面；如果该图形窗口不存在，则新建一个窗口，并赋予编号 n(图 1.2.1)。

(2) plot 函数(描点法)

图 1.2.1 figure 显示窗口示意图

plot 函数是 MATLAB 中最核心的二维绘图函数，它有多种用法，最常用的用法为 plot(x,y,'s')。参数 x 为横轴变量，y 为纵轴变量，s 用以控制图形的基本特征（如颜色、粗细等），通常可以省略，常用方法如表 1.2.1 所示。

表 1.2.1 图形控制基本符号图

颜色符号	含义	数据点型	含义	线型	含义
k	黑色	.	点	—	实线
w	白色	。	圆	:	虚线
y	黄色	×	打叉	—.	点划线
b	蓝色	+	加号	– –	虚线
r	红色	*	星号		
g	绿色	s	方形		
c	青色	p	五角星形		
m	紫色	d	菱形		

在 plot 绘图之前，一般采用向量表示法对自变量 t 进行赋值，其形式为 $t=t1:d:t2$，其中 $t1$ 为信号起始时间，$t2$ 为终止时间，d 为信号时间间隔。而 $y=f(t)$ 为连续时间信号 $f(t)$ 在向量 t 所定义的时间点上的采样值。

(3) subplot 函数

MATLAB 允许用户在同一个图形窗里绘制几幅独立的子图。常用的用法为 subplot(m, n, k) 的含义是：图形窗口中有 $m\times n$ 幅子图，k 是子图的编号，使 $m\times n$ 幅子图中的第 k 幅成为当前图。子图的序号编排原则是：左上方为第 1 幅，向右向下依次排号。

用 subplot 指令产生的子图彼此之间独立。所有的绘图指令都可以在子图中使用。在使用 subplot 指令之后，如果继续绘制整个图形窗的独幅图，应该先使用

clf 清图形窗指令。

(4) 绘图修饰命令

在绘制图形时，通常需要为图形添加各种注记以增加可读性。在 plot 语句后使用 title('标题')可以在图形上方添加标题，使用 xlabel('标记')或 ylabel('标记')为 X 轴或 Y 轴添加说明，使用 text(X 值、Y 值、'想加的标示')可以在图形中任意位置添加标示，使用 axis([$x$min $x$max ymin ymax])设置图形横、纵坐标的上下限。

例 1.2.1　在同一张图上绘出：$y = \sin(x)$、$y = \cos(x)$、$y = \sin(2x)$、$\cos(2x)$ 并用不同的线型和点型区分。

MATLAB 语句如下：

```
x= -2 * pi:0.01:2 * pi;  %用冒号表示定义 x 向量
figure;  %创建一个图形窗口
subplot(2,2,1);  %将窗口划分为 2 行,2 列,在第 1 个窗口中作图
plot(x,sin(x));  %画图
title('正弦线');  %给图形加标题
subplot(2,2,2);  %在第 2 个窗口中作图
plot(x,cos(x),'r');  %画一正弦曲线,颜色为红色
xlabel('x');  %给 x 轴加说明
ylabel('cos(x)');  %给 y 轴加说明
axis(-4 4 -2 2);  %设置横、纵坐标上下限
subplot(2,2,3);  %在第 3 个窗口中作图
plot(x,sin(2 * x),'--');  %画一正弦波,破折线
subplot(2,2,4);  %在第 4 个窗口中作图
plot(x,cos (2 * x),'g+');  %画一正弦波,线条为绿色实线,数据点类型为"+"
text(4,0,'cos(2x)');  %在图上添加说明性文字
```

实验结果如图 1.2.2 所示。

2. 常用连续信号的 MATLAB 绘制

(1) 指数信号 Ae^{at}

指数信号 Ae^{at} 在 MATLAB 中用 exp 函数表示，其调用形式为 y = A * exp(a * t)。

例 1.2.2　利用 MATLAB 绘制 $y = 2e^{-3t}$ 的波形图。

MATLAB 语句如下：

```
A=2;
a= -3;
t=0:0.01:10;
```

```
y = A * exp(a * t);
plot(t, y);
```

实验结果如图 1.2.3 所示。

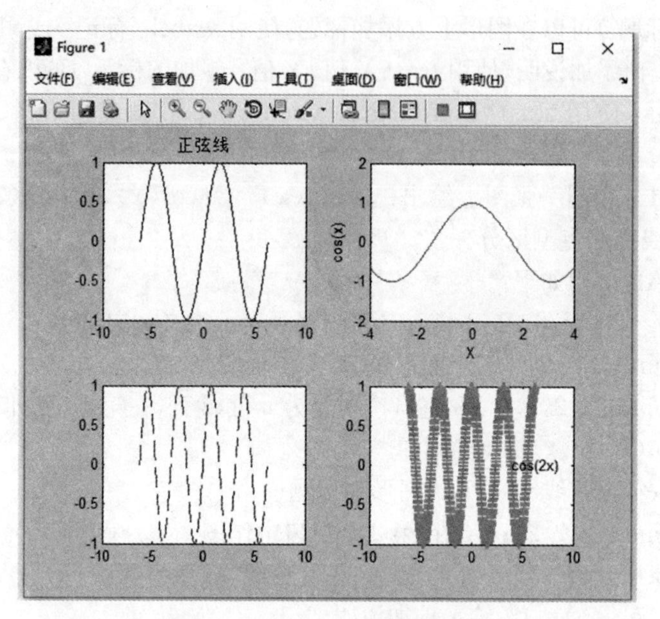

图 1.2.2 例 1.2.1 实验结果

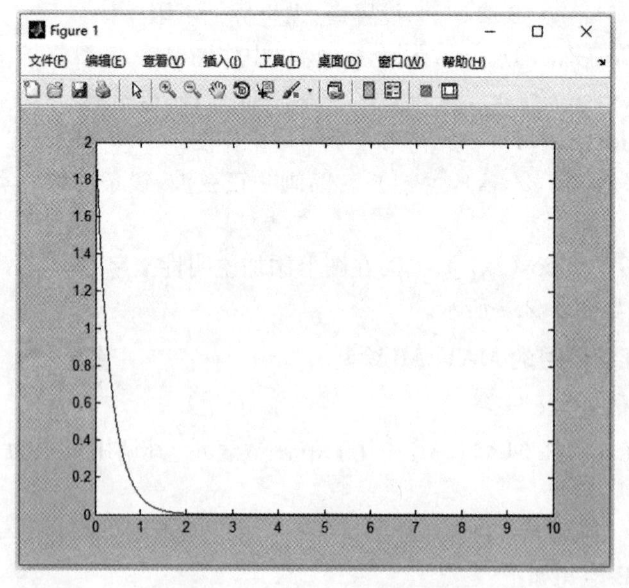

图 1.2.3 例 1.2.2 实验结果

(2) 正弦类信号

正弦信号 $A\sin(\omega_0 * t + \varphi)$ 和 $A\cos(\omega_0 + \varphi)$ 分别用 MATLAB 的内部函数

sin 和 cos 表示,其调用形式为 A * sin(ω_0 * t + phi)和 A * cos(ω_0 * t + phi)。

例 1.2.3　利用 MATLAB 绘制 $y=3\sin\left(2\pi t+\frac{\pi}{4}\right)$的波形图。

MATLAB 语句如下:

```
A=3;
w0=2 * pi;
phi=pi/4;
t=-2:0.001:2;
y=A * sin(w0 * t+phi);
plot(t, y);
```

实验结果如图 1.2.4 所示。

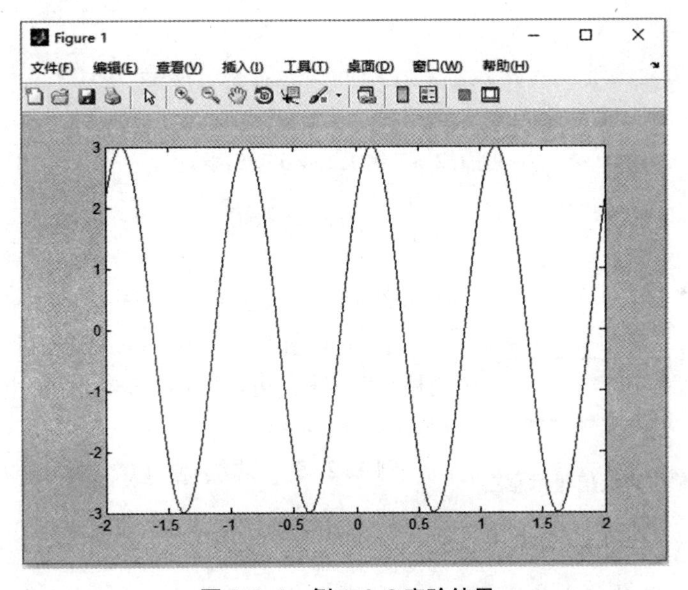

图 1.2.4　例 1.2.3 实验结果

如果一个信号可以用符号表达式来表示,可以不通过构建自变量的值,即不用 plot(描点法)进行绘图,采用 ezplot 函数(符号运算表示法)绘制出信号的波形。

例 1.2.4　利用 ezplot 函数绘制 $y=3\sin\left(2\pi t+\frac{\pi}{4}\right)$的波形图。

MATLAB 语句如下:

```
y=sym('3 * sin(2 * pi * t+pi/4)');
    ezplot(y,[-2 2]);
```

实验结果如图 1.2.5 所示。

(3) 单位阶跃信号

连续时间单位阶跃信号定义为

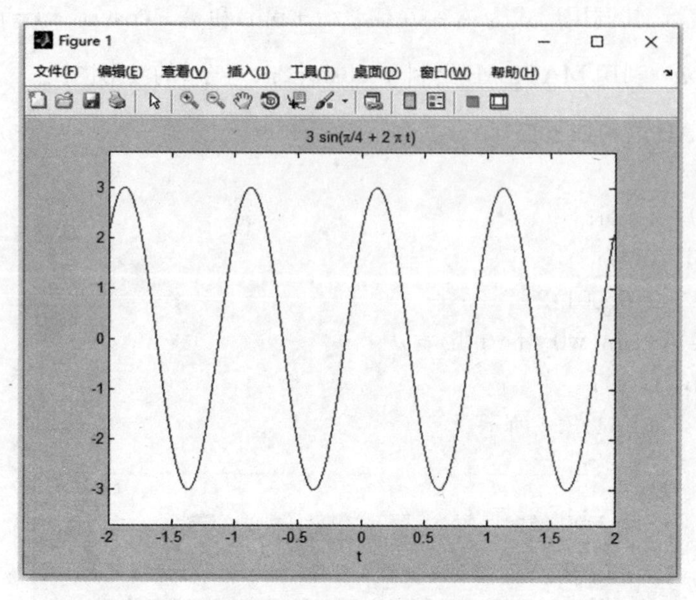

图 1.2.5 例 1.2.4 实验结果

$$u(t)=\begin{cases}0, & t<0\\ 1, & t>0\end{cases}$$

波形图如图 1.2.6 所示。

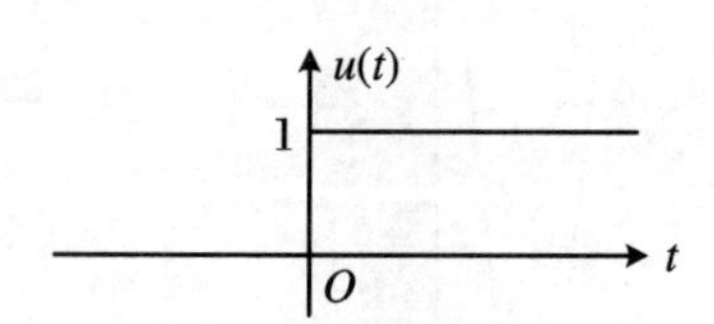

图 1.2.6 单位阶跃信号示意图

单位阶跃信号的 MATLAB 绘制常用方法有两种，第一种方法直接用“t>=0”产生，其调用格式为 y=(t>=0)。

例 1.2.5 试绘制 $u(t)$和 $u(t+1)$的波形图。

MATLAB 语句如下：

```
t= -2:0.001:2;
figure;
subplot(2, 1, 1);
y1=(t>=0);
plot(t,y1);
title('u(t)');
subplot(2, 1, 2);
y2=(t>= -1);
plot(t, y2);
title('u(t+1)');
```

实验结果如图 1.2.7 所示。

单位阶跃信号的信号的绘制另一种方法就是调用 heavside 函数，其调用格式为 y = heavside(t)。

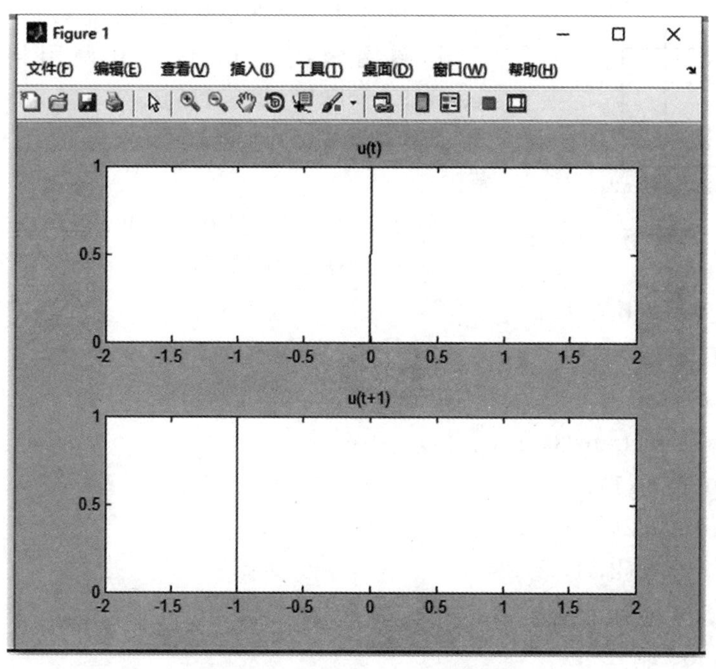

图 1.2.7　例 1.2.5 实验结果

例 1.2.6　试用 heavside 函数绘制 $u(t)$和 $u(t+1)$的波形图。

MATLAB 语句如下：

```
t = -2:0.001:2;
figure;
subplot(2, 1, 1);
y1 = heaviside(t);
plot(t,y1);
title('u(t)');
subplot(2, 1, 2);
y2 = heaviside(t+1);
plot(t, y2);
title('u(t+1)');
```

实验结果如例 1.2.5 的图形一致。

(4) 单位门信号(矩形函数)

连续时间单位门信号定义为

$$p_\tau(t) = \begin{cases} 1, & |t| < \dfrac{\tau}{2} \\ 0, & |t| > \dfrac{\tau}{2} \end{cases}$$

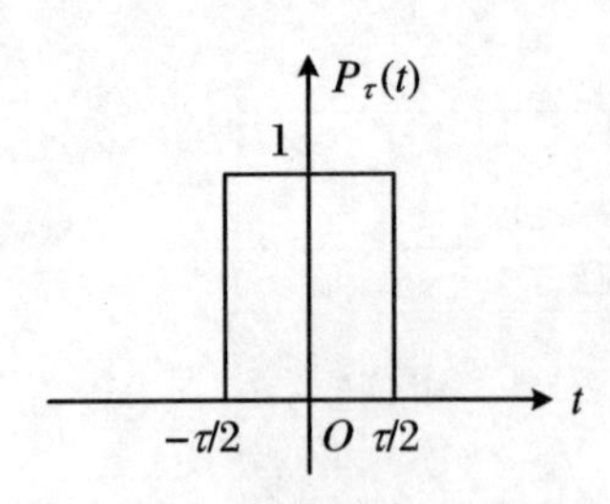

图 1.2.8 单位门信号示意图

波形图如图 1.2.8 所示。

矩形脉冲信号在信号处理中是最常用的信号之一，其调用函数为 rectpuls，其调用格式为 y = rectpuls(t, width)，该函数的横坐标范围由向量 t 决定，是以 $t = 0$ 为中心向左右各展开 width/2 的范围。

例 1.2.7 试绘制 $P_2(t)$ 和 $P_2(t-2)$ 的波形图。

MATLAB 语句如下：

```
t= -4:0.001:4;
figure;
subplot(2, 1, 1);
y1 = rectpuls(t, 2);
plot(t,y1);
title('p2(t)');
subplot(2, 1, 2);
y2 = rectpuls(t-2, 2);
plot(t, y2);
title('p2(t-2)');
```

实验结果如图 1.2.9 所示。

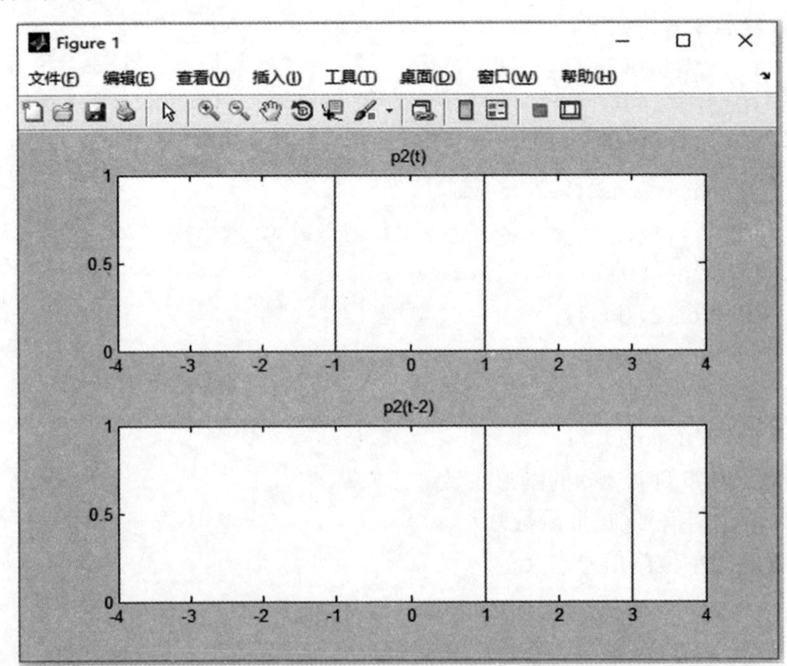

图 1.2.9 例 1.2.7 实验结果

因为 $p_\tau(t)=u(t+1)-u(t-1)$，所以也可以利用 heaviside 函数来绘制单位门函数。

例 1.2.8　试用 heaviside 函数绘制 $P_2(t)$ 和 $P_2(t-2)$ 的波形图。

MATLAB 语句如下：

```
t= -4:0.001:4;
figure;
subplot(2, 1, 1);
y1=heaviside(t+1)-heaviside(t-1);
plot(t,y1);
title('p2(t)');
subplot(2, 1, 2);
y2=heaviside(t-1)-heaviside(t-3);
plot(t, y2);
title('p2(t-2)');
```

实验结果图形与例 1.2.7 的实验图形一致。

(5) 抽样信号

抽样信号定义为

$$\mathrm{Sa}(t)=\frac{\sin t}{t}$$

波形图如图 1.2.10 所示。

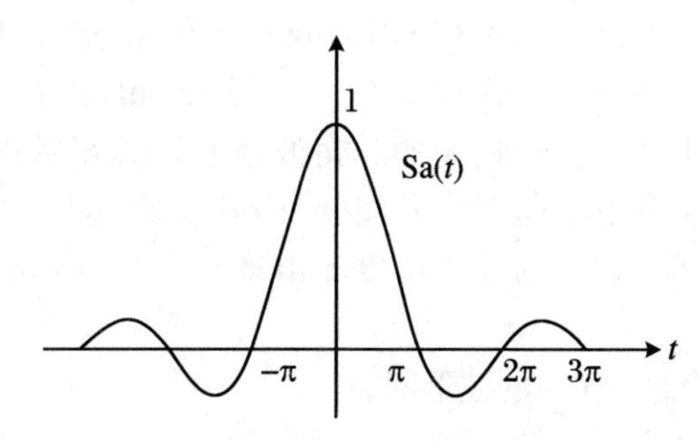

图 1.2.10　抽样信号示意图

MATLAB 中没有 Sa(t)内部函数，它在 MATLAB 中用 sinc 函数来表示，其定义为 $\mathrm{sinc}(t)=\frac{\sin t}{t}$，其调用形式为 y=sinc(t)。

例 1.2.9　试绘制 Sa(t)的波形图。

MATLAB 语句如下：

```
t= -3*pi:pi/100:3*pi;
ft=sinc(t/pi);
plot(t,ft);
```

实验结果如图 1.2.11 所示。

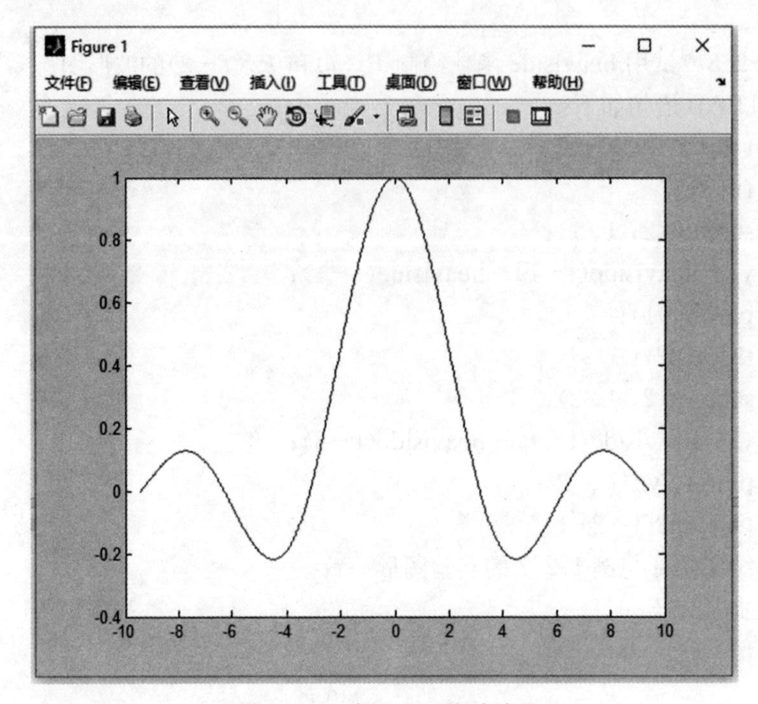

图 1.2.11 例 1.2.9 实验结果

(6) 三角波脉冲信号

三角波脉冲信号在 MATLAB 中用 tripuls 函数来表示,其调用形式为 y=tripuls(t, width, skew)($-1\leqslant$skew$\leqslant 1$)。通过 tripuls 函数,产生一个最大幅度为 1、宽度为 width、斜度为 skew 的三角波信号。该函数的横坐标范围由向量 t 决定,是以 $t=0$ 为中心向左右各展开 width/2 的范围。斜度 skew 是一个介于 -1 和 1 之间的值,它表示最大幅度 1 出现在 $t=$(width/2)$\times$skew 的横坐标位置。

例 1.2.10 试绘制 $\Delta_2(t)$的波形图。

MATLAB 语句如下:

```
t= -3:0.001:3;
y= tripuls(t,2,0);
plot(t,y);
title('(三角波)');
```

实验结果如图 1.2.12 所示。

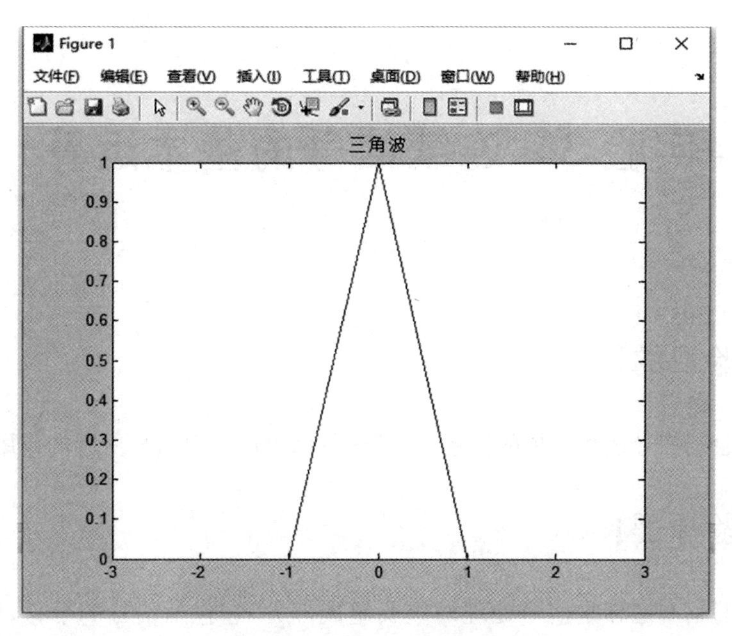

图 1.2.12　例 1.2.10 实验结果

【实验内容】

1．在同一张图上绘出：$y=2\sin\left(x+\frac{\pi}{4}\right)$，$y=2\cos\left(2x+\frac{\pi}{3}\right)$，并用不同的线型和点型区分。

2．绘制以下图形：$x_1(t)=2e^{-3|t|}$，$x_2(t)=\sin(3\pi t)+\cos(6\pi t)$，$x_3(t)=\cos^2(t)+\sin(2t)$，$x_4(t)=|t|\sin(5\pi t)$，要求：用 subplot 函数将画面分成四个，并且绘制的形式不同。

3．试用 MATLAB 绘制以下连续信号的波形图：

(1) $p_3(t-2)$；　　(2) $5e^{-t}-10e^{-2t}$；

(3) $\mathrm{Sa}(2t)\cos(5\pi t)$；　　(4) $[1+\cos(2\pi t)][u(t+1)-u(t-3)]$。

【思考题】

1．两个周期信号经过相加、相减或相乘后，所得到的信号是否仍为周期性信号？

2．三角波脉冲信号不用 tripuls 函数，能否调用其他函数进行绘制？

实验 3　连续信号的基本运算

【实验目的】

通过绘制信号运算结果的波形，了解这些信号运算对信号所起的作用。

【实验原理】

信号的基本运算是信号处理的重要组成部分，它包括信号的平移、压缩和扩展、翻转。信号的运算还包括信号的相加(减)、相乘、微分和积分等。

1. 信号的加减

信号的加减就是在相同的时间点上将两个或多个信号相加减。对于连续时间信号，其两个信号的加减可表示为 $y(t)=f_1(t)\pm f_2(t)$。对于两个信号 $f_1(t)$ 和 $f_2(t)$ 的加减，要求该两个信号的长度相同，位置对应，才能进行相加减，若二者对应变量上的长度不等，则需要根据情况对信号左右补零再进行相加减。

例 1.3.1　用 MATLAB 实现信号 $f_1(t)=\sin(\pi t)$ 和 $f_2(t)=\sin(2\pi t)$ 的相加，试分别绘制这两个信号以及它们的和信号。

MATLAB 语句如下：

```
clear;                 %清除所有变量
t= -2:0.001:2;   %定义从-2到2,间隔为0.001的时间向量
ft1=sin(pi*t);   %定义信号f1(t)
ft2=sin(2*pi*t);   %定义信号f2(t)
ft3=ft1+ft2;   %信号相加
subplot(3,1,1);   %画第1个子图(在一幅图中画出3个子图,这是第1
幅图)
plot(t, ft1);   %画f1(t)的波形图
title('f1(t)');   %给f1(t)波形图加标题
subplot(3, 1, 2);   %画第2个子图
plot(t, ft2);   %画f2(t)的波形图
title('f2(t)');   %给f2(t)波形图加标题
```

```
subplot(3, 1, 3);  %画第3个子图
plot(t, ft3);  %画 f1(t)+f2(t)的波形图
title('f3(t)');  %给 f3(t)波形图加标题
```

实验结果如图1.3.1所示。

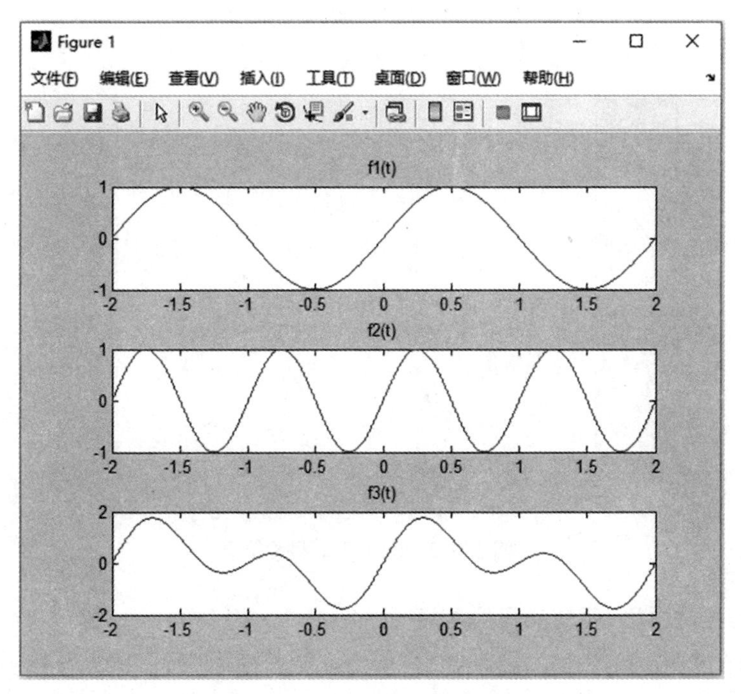

图1.3.1　例1.3.1实验结果

2. 信号的相乘

两个信号相乘($y(t)=f_1(t)\cdot f_2(t)$),其积信号在任意时刻的信号值等于两信号在该时刻的信号值之和。用MATLAB实现两个信号相乘要注意两点:第一,和信号相加减一样,要求该两个信号的长度相同,位置对应,才能进行相乘,若二者对应变量上的长度不等,则需要根据情况对信号左右补零再进行相乘;第二,两个信号相乘用点乘(.*),而不能用乘号(*)。

例1.3.2　用MATLAB实现信号 $f_1(t)=\sin(\pi t)$和 $f_2(t)=\sin(2\pi t)$的相乘,并绘制这两个信号的积信号。

MATLAB语句如下:

```
t=-2:0.001:2;  %定义从-2到2,间隔为0.001的时间向量
ft1=sin(pi*t);  %定义信号 f1(t)
ft2=sin(2*pi*t);  %定义信号 f2(t)
ft3=ft1.*ft2;  %信号相加
plot(t, ft3);  %绘制 f3(t)波形图
```

title('f3(t)'); %给 $f_3(t)$ 波形图加标题

实验结果如图 1.3.2 所示。

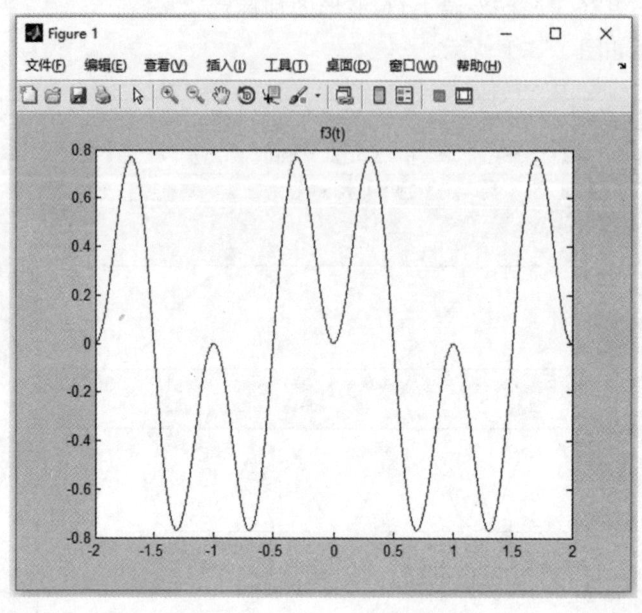

图 1.3.2 例 1.3.2 实验结果

3. 信号的平移、翻转和尺度变换

信号的平移、翻转和尺度变换是针对自变量时间而言的，其数学表达式和波形变换中存在着一定的变化规律。从数学表达式上来看，信号的上述所有计算都是自变量的替换过程。所以在使用 MATLAB 进行连续时间信号的运算时，只需要进行相应的变量代换即可完成相关工作。

在信号的尺度变换 $f(at)$ 中，函数的自变量乘以一个常数，在 MATLAB 中可用算术运算符“*”来实现。在信号翻转 $f(-t)$ 运算中，函数的自变量乘以一个负号，在 MATLAB 中可以直接用负号“-”写出。在信号时移 $f(t\pm t_0)$ 运算中，函数自变量加、减一个常数，在 MATLAB 中可用算术运算符“+”或“-”来实现。

例 1.3.3 已知 $f(t)$ 的波形如图 1.3.3 所示，试用 MATLAB 绘制 $f(-2t+6)$ 的波形。

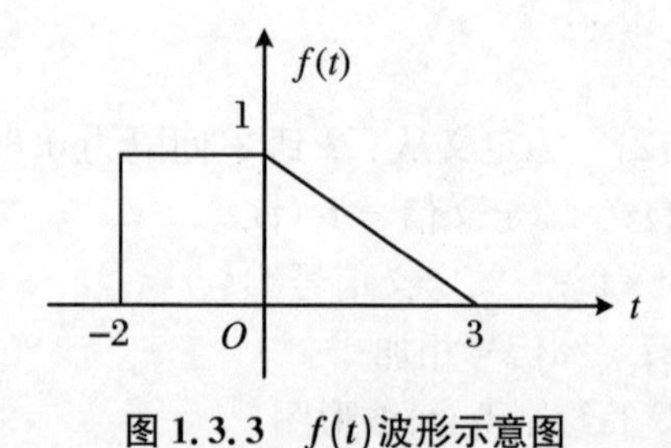

图 1.3.3 $f(t)$ 波形示意图

MATLAB 语句如下：

```
t= -5:0.001:5;
figure;
subplot(2,2,1);
ft=(heaviside(t+2)-heaviside(t))+((-1/3)*t+1).*(heaviside(t)-heaviside(t-3));
plot(t,ft);
title('f(t)')
subplot(2,2,2);
t1= t-6;
plot(t1,ft);
title('f(t+6)')
subplot(2,2,3);
t2=t1/2;
plot(t2,ft);
title('f(2t+6)')
subplot(2,2,4);
t3= -t2;
plot(t3,ft);
title('f(-2t+6)');
```

实验结果如图 1.3.4 所示。

图形变换这段程序还可以通过调用函数形式来实现。

例 1.3.4　试用函数调用方法实现例 1.3.3 的波形图。

函数程序：将 MATLAB 函数设为 x_1(t)，具体程序如下：

```
function  ft = x_1(t)
ft=(heaviside(t+2)-heaviside(t))+((-1/3)*t+1).*(heaviside(t)-heaviside(t-3));
```

调用函数 x_1(t)，即可画出波形 $f(t)$，实现 $f(-2t+6)$。

MATLAB 主程序如下：

```
t= -5:0.001:5;
subplot(2,1,1);
plot(t,x_1(t));
title('f(t)')
subplot(2,1,2);
plot(t,x_1(-2*t+6));
title('f(-2t+6)');
```

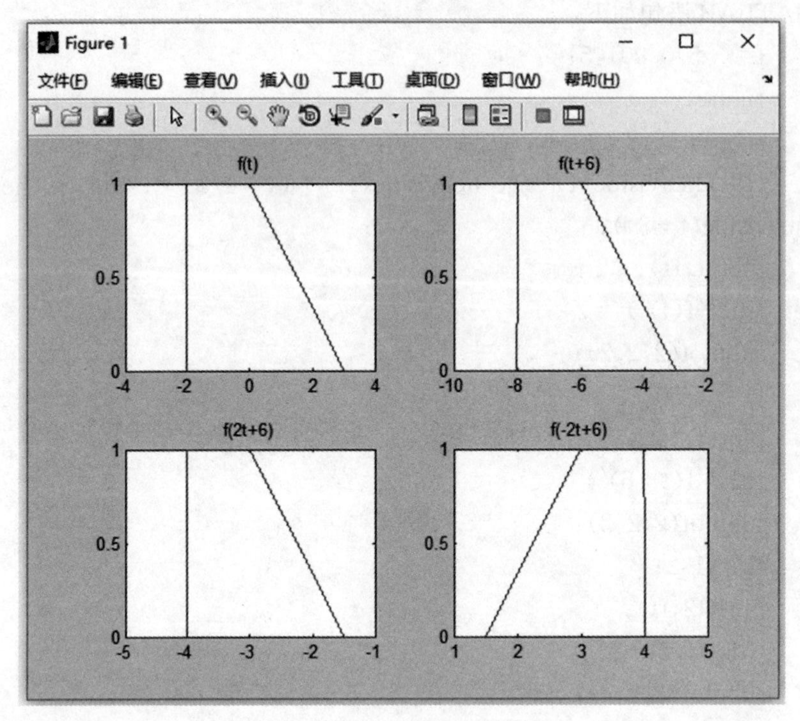

图 1.3.4 例 1.3.3 实验结果

实验结果波形图如例 1.3.3。

值得注意的是，函数调用必须遵循两个原则：一是主程序调用的函数必须与函数定义名字一致；二是主程序与函数程序都必须在搜索路径中。

4. 信号的微分、积分

(1) 信号的微分

信号的微分使用 MATLAB 中的 diff 函数来实现，其语句格式为 diff(function,′variable′,n)。其中，function 为被求导运算的函数，或者被赋值的符号表达式；variable 为被求导运算的自变量；n 为求导阶数，默认值为一阶导数。

例 1.3.5 用 MATLAB 求 $y=\sin(at^3)$ 和 $y=t\sin(t)\log(t)$ 的导数。

MATLAB 主程序如下：

```
clear;                       %清除以前所有变量
syms a t y1 y2;              %定义符号变量 a,x,y1,y2
y1 = sin(a * t^3);           %符号函数
y2 = t * sin(t) * log(t);    %符号函数
dy1 = diff(y1,'t');          %无分号直接显示结果
d2 = diff(y2);               %无分号直接显示结果
```

例 1.3.6 用 MATLAB 计算信号 $y=\sin t^2$ 的导数，并画出该连续信号及其

导数的波形。

MATLAB 语句如下：

```
syms t y y1;
y = sin(t^2);
y1 = diff(y);
subplot(211);
ezplot(y, [0, 2 * pi]);
subplot(212);
ezplot(y1, [0, 2 * pi]);
```

实验结果如图 1.3.5 所示。

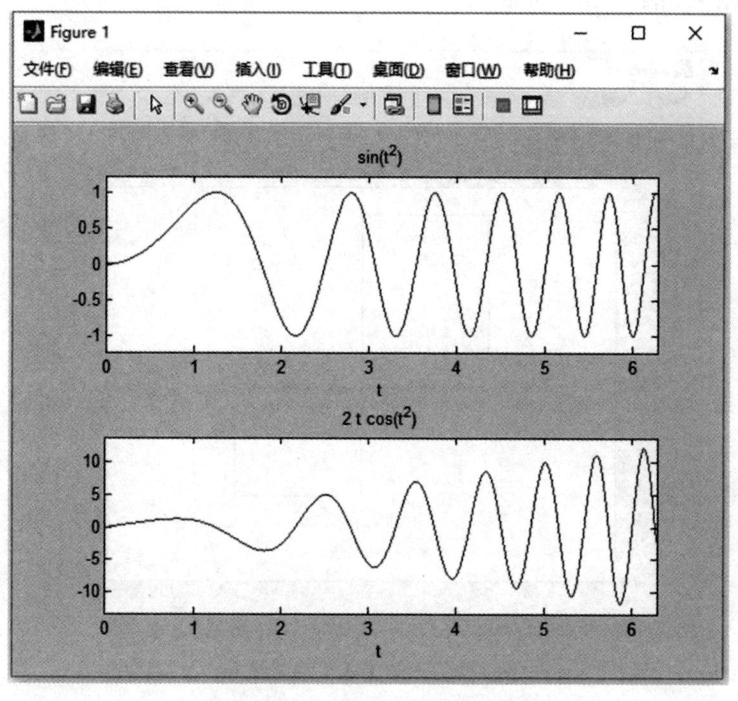

图 1.3.5　例 1.3.6 实验结果

例 1.3.7　试用 MATLAB 绘制如图 1.3.6 的微分图。

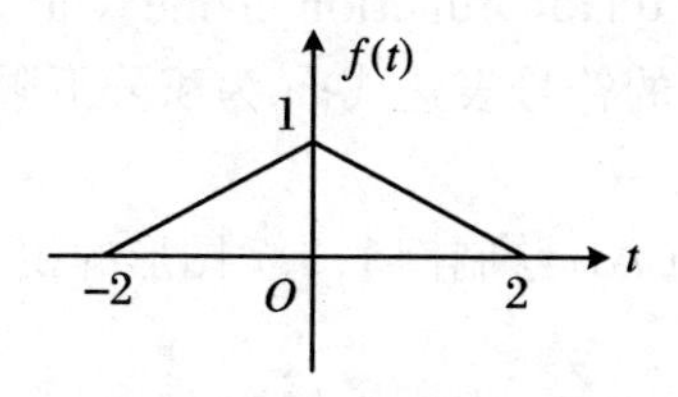

图 1.3.6　$f(t)$ 波形示意图

MATLAB 语句如下：

函数定义：

```
functionyt = x_2(t);
yt = tripuls(t,4);
```

函数调用：

```
dt = 0.001;
t = -4:dt:4;
y1 = diff(x_2(t)) /dt;
plot(t(1:length(t) -1),y1)
title('f(t)');
```

实验结果如图 1.3.7 所示。

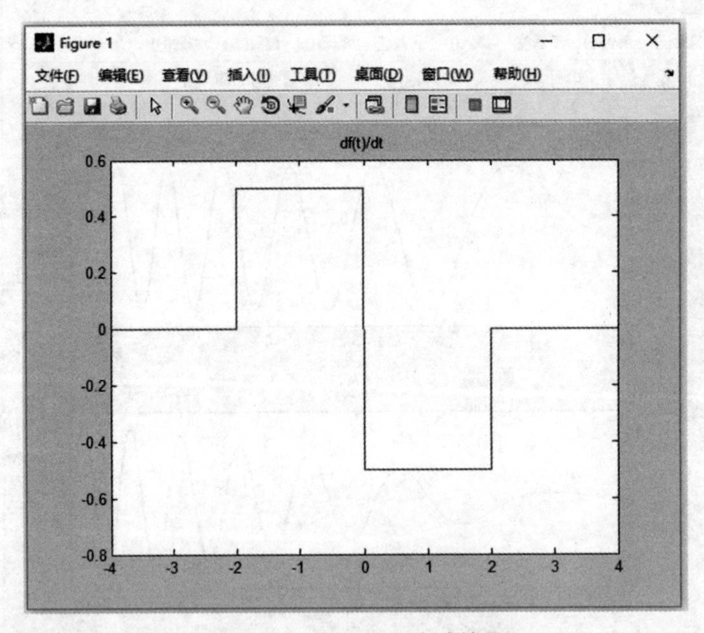

图 1.3.7 例 1.3.7 实验结果

(2) 信号的积分

信号的积分是信号处理的一种重要运算，在 MATLAB 中可以使用 quad 命令函数来完成，其语法格式为 quad('function_name', a, b)。其中，function_name 表示被积函数，或者被赋值的符号表达式；a 为积分下限，b 为积分上限，a 和 b 默认时则求不定积分。

例 1.3.8 试用 MATLAB 绘制例 1.3.7 图形的积分图。

MATLAB 语句如下：

```
function yt = x_2(t);
yt = tripuls(t,4);
```

函数调用：

```
d=0.1;          %步长不能设置过小，否则下面积分语句时间会过长
t=-4:d:4;
for n=1:length(t)
y2(n)=quad('x_2',-4,t(n));          %或用 y2(n)=quadl(@x2_2,
-3,t(n));
end
plot(t,y2);
title('integral of x(t)');
```

实验结果如图1.3.8所示。

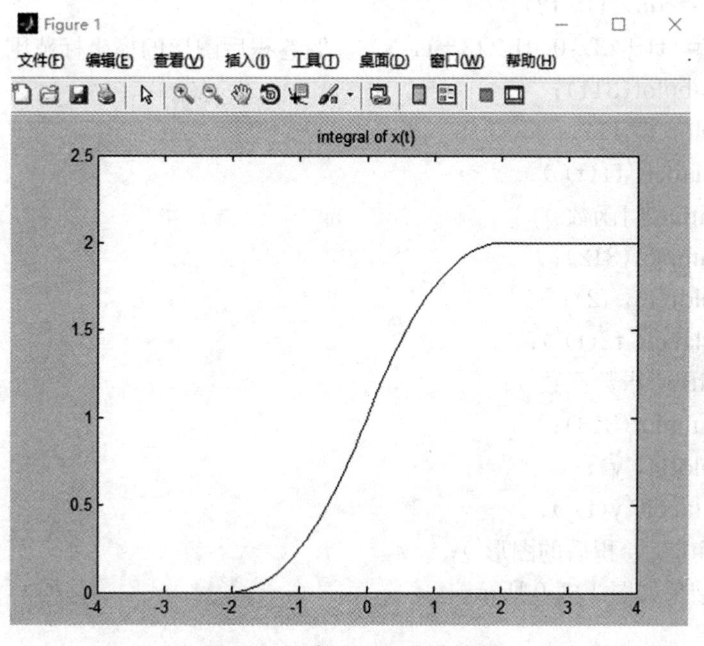

图1.3.8 例1.3.8实验结果

5. 信号的卷积

卷积积分是线性系统时域分析最基本的方法，对于两个连续信号的卷积，其定义为 $y(t)=f_1(t)*f_2(t)=\int_{-\infty}^{\infty}f_1(\tau)f_2(t-\tau)\mathrm{d}\tau$。在MATLAB中，信号的积分使用conv函数来实现，语法格式为conv(f1, f2)，其中f1和f2为进行卷积的两个函数。

例1.3.9 试用MATLAB绘制 $f_1(t)=u(t+1)-u(t-1)$ 与 $f_2(t)=\mathrm{e}^{-t}u(t)$ 卷积后的图形。

MATLAB语句如下：

```
clear;
t1 = -2;
t2 = 2;
t3 = 0;
t4 = 3;
t5 = t1:0.01:t2;
t6 = t3:0.01:t4;
f1 = (stepfun(t5, -1) - stepfun(t5, 1));        %可以改 f1 = heaviside
(t5 + 1) - heaviside(t5 - 1)
f2 = exp(-t6);
y = conv(f1, f2);
t = (t1 + t3):0.01:(t2 + t4);     %卷积后图形的横坐标范围
subplot(311);
plot(t5,f1);
ylabel('f1(t)');
title('门函数');
subplot(312);
plot(t6, f2);
ylabel('f2(t)');
title('指数函数');
subplot(313);
plot(t, y);
ylabel('y(t)');
title('卷积后的图形');
```

实验结果如图 1.3.9 所示。

【实验内容】

1. 已知信号的波形 $f(t)$ 如图 1.3.10 所示，画出以下图形：

(1) $f(-2t+3)$；　　(2) 求其奇分量和偶分量。

2. 已知 $f(t)=e^{-t}u(t)$，$g(t)=\cos(2t)$，画出以下图形：

(1) $f(t+1)+g(t-2)$；　　(2) $f(t+1)-g(t-2)$；

(3) $f(t+1)g(t-2)$；　　(4) $f(t+1)*g(t-2)$。

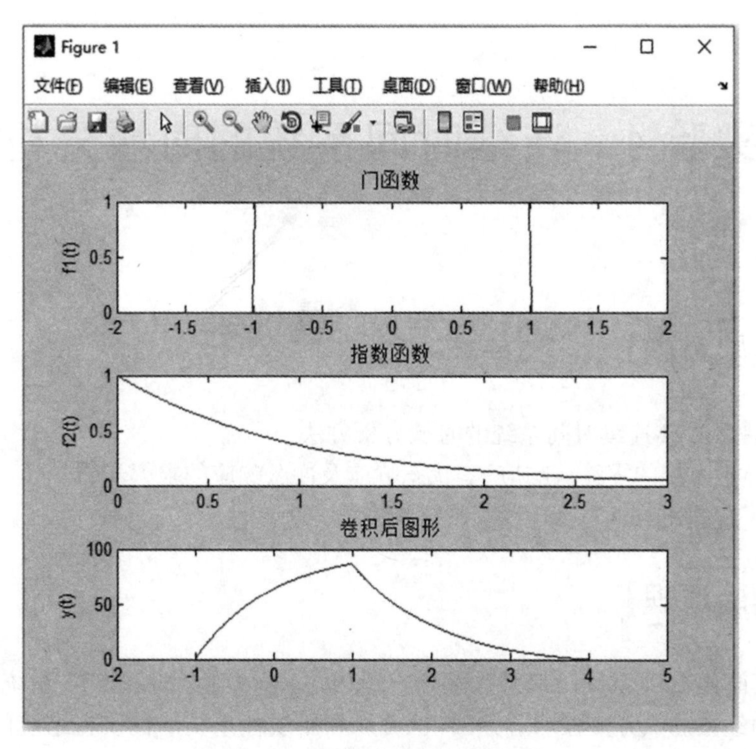

图 1.3.9 例 1.3.9 实验结果

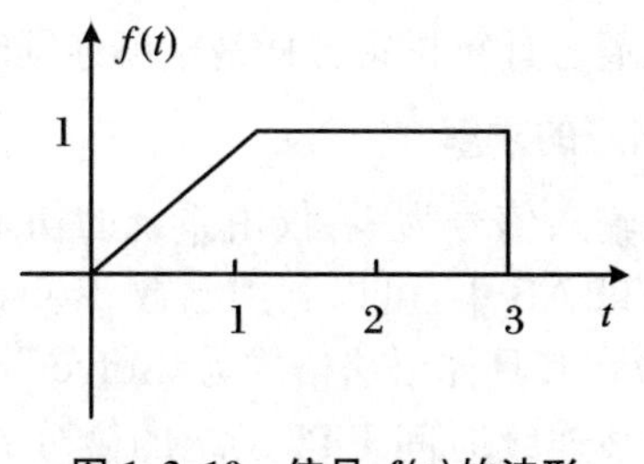

图 1.3.10 信号 $f(t)$的波形

【思考题】

1. 将信号 $f(t)$变成 $f(-3t+2)$共有多少种方法,请列举出来(写出变换的过程)。

2. 一个周期信号经过翻转、时移和尺度变换后仍是周期信号吗?

实验4 连续时间系统的时域分析

【实验目的】

1. 熟悉 LTI 连续时间系统的时域分析方法。
2. 熟悉系统的零输入响应、零状态响应及冲激响应的求解步骤。
3. 了解利用 MATLAB 计算系统响应的方法。

【实验原理】

连续时间 LTI 系统以常系数微分方程描述，对于连续时间 LTI 系统的分析，可以采用经典的微分方程求解方法，也可以利用线性系统的性质将系统的响应分为零状态响应和零输入响应来求解。MATLAB 提供了专门用于求解零状态响应、零输入响应、单位冲激响应、单位阶跃响应和完全响应并绘制其时域波形的一系列函数，利用它们，可以通过计算机很方便地求解连续时间 LTI 系统的响应。

1. LTI 系统零输入响应的求解

系统的零输入响应是输入信号为零，仅由系统的初始状态单独作用于系统而产生的输出响应。在 MATLAB 中，可以利用函数 dsolve 来分解常微分方程来求解 LTI 系统的零输入响应。其具体语法格式为 dsolve('eq', 'cond')。

例 1.4.1 已知描述某连续时间 LTI 系统的微分方程为 $y''(t)+5y'(t)+6y(t)=f(t),t\geqslant 0$。初始状态 $y(0^-)=1,y'(0^-)=2$。求系统的零输入响应。

MATLAB 语句如下：

```
clear;
figure;
ezplot(dsolve('D2y + 5 * Dy + 6 * y = 0','y(0) = 1,Dy(0) = 2'));
```

实验结果如图 1.4.1 所示。

2. LTI 系统零状态响应的求解

连续时间 LTI 系统的零状态响应是当系统的初始状态为零时，由外部激励 $f(t)$ 作用于系统而产生的系统响应，用 $y_f(t)$ 表示。在 MATLAB 中，可以利用 lsim 函数来求解零状态响应。其语法格式为 lsim(sys, f, t)。式中，t 表示自变量；

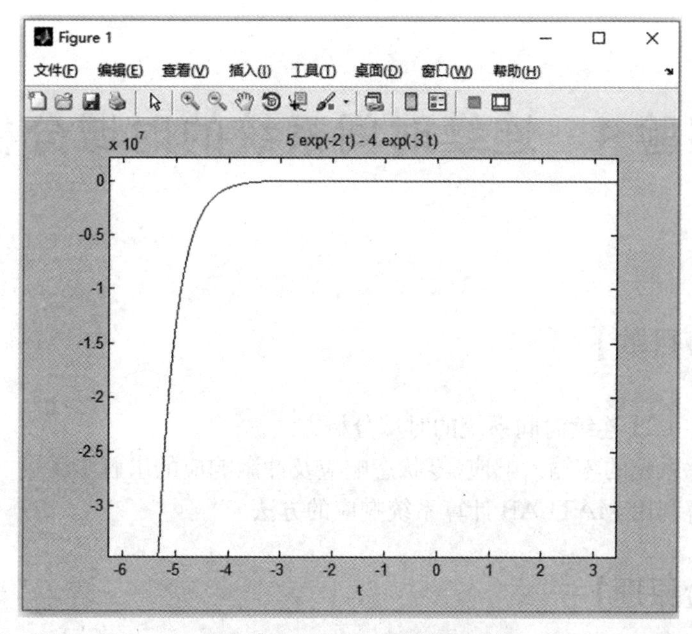

图 1.4.1　例 1.4.1 实验结果

f 是系统的输入信号；sys 是 LTI 系统模型，用来表示 LTI 微分系统方程。对于 LTI 系统模型，MATLAB 使用 tf 函数来构建，其语法格式为 sys = tf(b, a)，其中，b 和 a 分别为微分方程右端和左端各项的系数值（注意：微分方程中的系数按从微分方程阶次从高到低的顺序进行排列，系数为零不能省略）。

例 1.4.2　已知描述某连续时间 LTI 系统的微分方程为 $y''(t)+3y'(t)+2y(t)=f(t)$，$t\geqslant 0$，输入信号 $f(t)=e^{-3t}u(t)$，试用 MATLAB 绘制系统零状态响应的波形图。

MATLAB 语句如下：

```
t = 0:0.01:5;
sys=tf([1],[1 3 2]);
f=exp(-3*t);
y=lsim(sys,f,t);
plot(t,y);
xlabel('time(sec)');
ylabel('y(t)');
```

实验结果如图 1.4.2 所示。

3. LTI 系统完全响应的求解

信号通过连续时间 LTI 系统的完全响应，可以采用经典的微分方程求解方法，也可以利用线性特性将系统的响应分为零状态响应和零输入响应来求解。在

实验 4　连续时间系统的时域分析

【实验目的】

1. 熟悉 LTI 连续时间系统的时域分析方法。
2. 熟悉系统的零输入响应、零状态响应及冲激响应的求解步骤。
3. 了解利用 MATLAB 计算系统响应的方法。

【实验原理】

连续时间 LTI 系统以常系数微分方程描述，对于连续时间 LTI 系统的分析，可以采用经典的微分方程求解方法，也可以利用线性系统的性质将系统的响应分为零状态响应和零输入响应来求解。MATLAB 提供了专门用于求解零状态响应、零输入响应、单位冲激响应、单位阶跃响应和完全响应并绘制其时域波形的一系列函数，利用它们，可以通过计算机很方便地求解连续时间 LTI 系统的响应。

1. LTI 系统零输入响应的求解

系统的零输入响应是输入信号为零，仅由系统的初始状态单独作用于系统而产生的输出响应。在 MATLAB 中，可以利用函数 dsolve 来分解常微分方程来求解 LTI 系统的零输入响应。其具体语法格式为 dsolve('eq', 'cond')。

例 4.1　已知描述某连续时间 LTI 系统的微分方程为 $y''(t)+5y'(t)+6y(t)=f(t)$，$t\geqslant 0$。初始状态 $y(0^-)=1$，$y'(0^-)=2$。求系统的零输入响应。

MATLAB 语句如下：

```
clear;
figure;
ezplot(dsolve('D2y+5*Dy+6*y=0','y(0)=1,Dy(0)=2'));
```

实验结果如图 1.4.1 所示。

2. LTI 系统零状态响应的求解

连续时间 LTI 系统的零状态响应是当系统的初始状态为零时，由外部激励 $f(t)$ 作用于系统而产生的系统响应，用 $y_f(t)$ 表示。在 MATLAB 中，可以利用 lsim 函数来求解零状态响应。其语法格式为 lsim(sys, f, t)。式中，t 表示自变量；

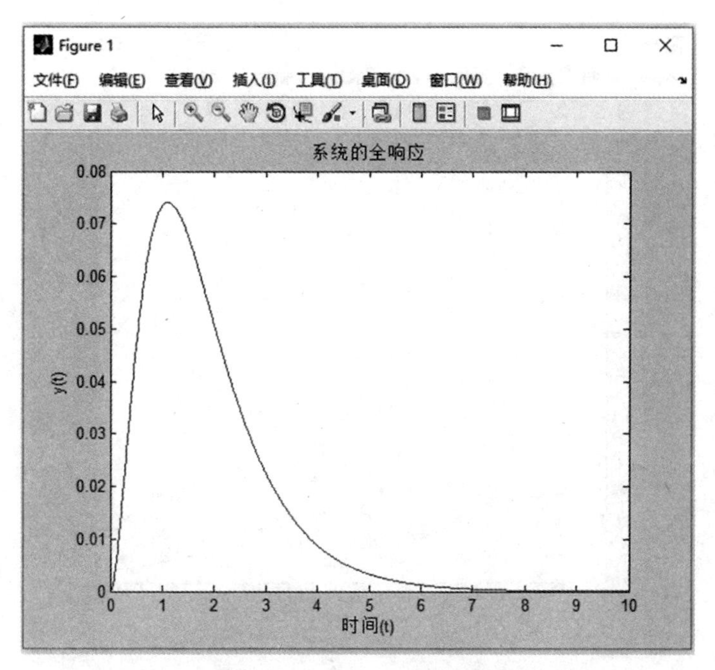

图 1.4.3　例 1.4.3 实验结果

信号 $\delta(t)$激励系统所产生的输出响应，以符号 $h(t)$表示。

在 MATLAB 中，求解系统冲激响应利用函数 impulse，其语法方式为 y = impulse(sys, t)，sys 系统的构建与求解零输入响应相同。

例 1.4.4　已知描述某连续时间 LTI 系统的微分方程为 $y''(t)+3y'(t)+2y(t)=f(t)$，试用 MATLAB 绘制系统单位冲激响应的波形图。

MATLAB 语句如下：

```
ts=0;te=5;dt=0.01;
sys=tf([1],[1 3 2]);
t=0:0.01:5;
    y=impulse(sys,t);
    plot(t,y);
    xlabel('time(sec)');
    ylabel('h(t)')
```

实验结果如图 1.4.4 所示。

5. LTI 系统单位阶跃响应的求解

单位冲激响应指在连续时间 LTI 系统初始状态为零的条件下，以单位阶跃信号 $u(t)$激励系统所产生的输出响应，以符号 $g(t)$表示。

在 MATLAB 中，求解系统阶跃响应与求解单位冲激响应非常类似，它主要利用函数 step，其语法方式为 y = step(sys, t)。

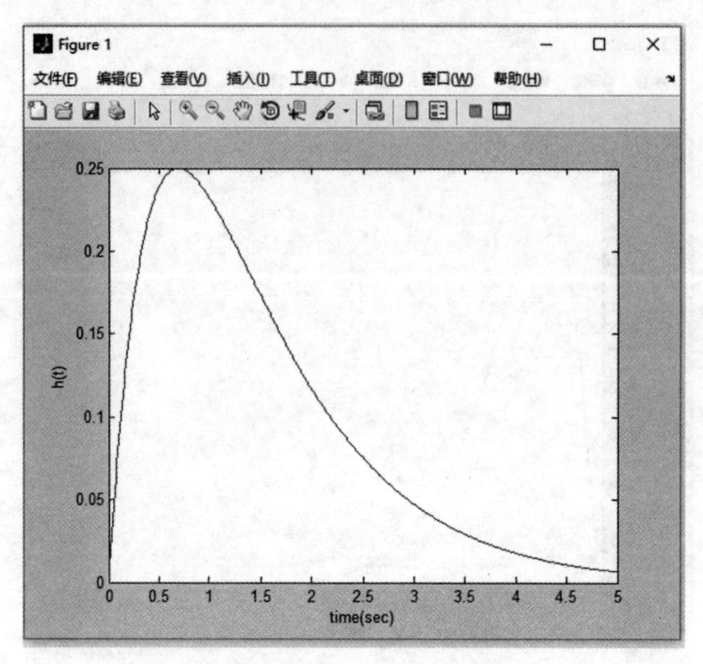

图 1.4.4 例 1.4.4 实验结果

例 1.4.5 已知描述某连续时间 LTI 系统的微分方程为 $y''(t)+3y'(t)+2y(t)=f(t)$，试用 MATLAB 绘制系统单位阶跃响应的波形图。

MATLAB 语句如下：

```
ts=0;te=5;dt=0.01;
sys=tf([1],[1 3 2]);
    t=0:0.01:5;
    y=step(sys,t);
    plot(t,y);
    xlabel('time(sec)');
    ylabel('h(t)')
```

实验结果如图 1.4.5 所示。

【实验内容】

1. 已知描述某连续时间 LTI 系统的微分方程为 $y''(t)+7y'(t)+12y(t)=2f(t), t\geqslant 0$。初始状态 $y(0^-)=0, y'(0^-)=1$。求系统的零输入响应。

2. 已知描述某连续时间 LTI 系统的微分方程为 $y''(t)+7y'(t)+12y(t)=2f(t), t\geqslant 0$。输入信号 $f(t)=e^{-t}u(t)$，试用 MATLAB 绘制系统零状态响应的波形图。

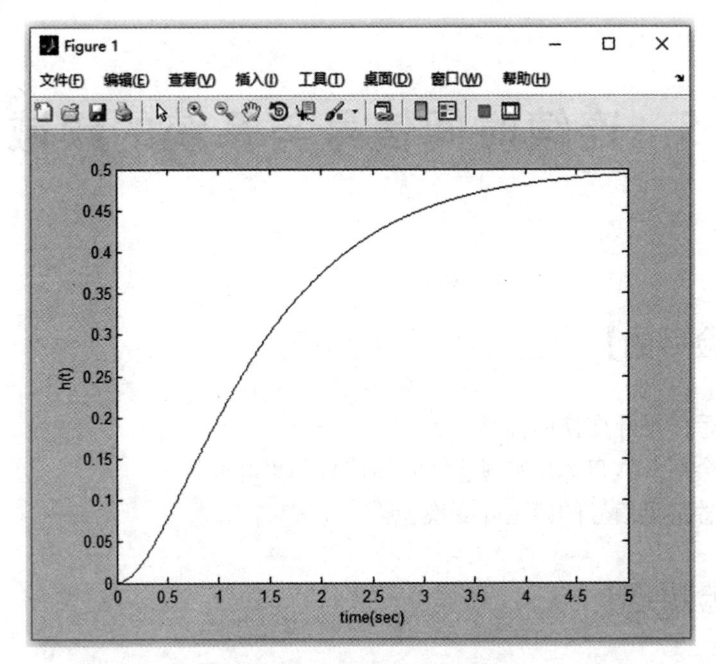

图 1.4.5　例 1.4.5 实验结果

3. 已知描述某连续时间 LTI 系统的微分方程为 $y''(t)+7y'(t)+12y(t)=2f(t), t\geqslant 0$。输入信号 $f(t)=e^{-t}u(t)$，初始状态 $y(0^-)=0, y'(0^-)=1$。试用 MATLAB 绘制系统完全响应的波形图。

4. 已知描述某连续时间 LTI 系统的微分方程为 $y''(t)+7y'(t)+12y(t)=2f(t), t\geqslant 0$。试用 MATLAB 绘制系统单位冲激响应和单位阶跃响应的波形图。

【思考题】

1. 试举例说明线性系统的均匀性与叠加性。
2. 试用 MATLAB 举例说明级联系统和并联系统的单位冲激响应。

实验5　连续时间信号与系统的频域分析

【实验目的】

1. 熟悉傅里叶变换的性质。
2. 学会用 MATLAB 实现连续时间信号傅里叶变换。
3. 熟悉常见信号的傅里叶变换。

【实验原理】

信号不仅和时间有关,还和频率相关,对信号进行频谱分析可以获得更多有用信息。频域分析法是从频率的角度看问题,它能看到时域角度看不到的问题。频域分析法的优点是:它引导人们从信号的表面深入到信号的本质,看到信号的组成部分。通过对成分的了解,人们可以更好地使用信号。

1. 信号的频域分析

信号的频域分析包括信号的正反傅里叶变换,傅里叶变换表示为 $F(\mathrm{j}\omega)=\int_{-\infty}^{\infty}f(t)\mathrm{e}^{-\mathrm{j}\omega t}\mathrm{d}t$,傅里叶反变换则通过 $f(t)=\int_{-\infty}^{\infty}F(\mathrm{j}\omega)\mathrm{e}^{\mathrm{j}\omega t}\mathrm{d}\omega$ 来求解。

在 MATLAB 中有一系列专门对信号进行正反傅里叶变换的语句。对于傅里叶变换,采用的语句为 F = fourier (f);而对于傅里叶反变换,调用的格式为 f = ifourier (F, t)。

例 1.5.1　利用 MATLAB 求信号 $f(t)=\mathrm{e}^{-|t|}$ 的傅里叶变换。

MATLAB 语句如下:

```
syms t; %定义变量
f = exp( - abs(t));
F = fourier(f);
ezplot(F);
```

实验结果如图 1.5.1 所示。

例 1.5.2　利用 MATLAB 求信号 $F(\mathrm{j}\omega)=\dfrac{1}{2+\mathrm{j}\omega}$ 的傅里叶反变换。

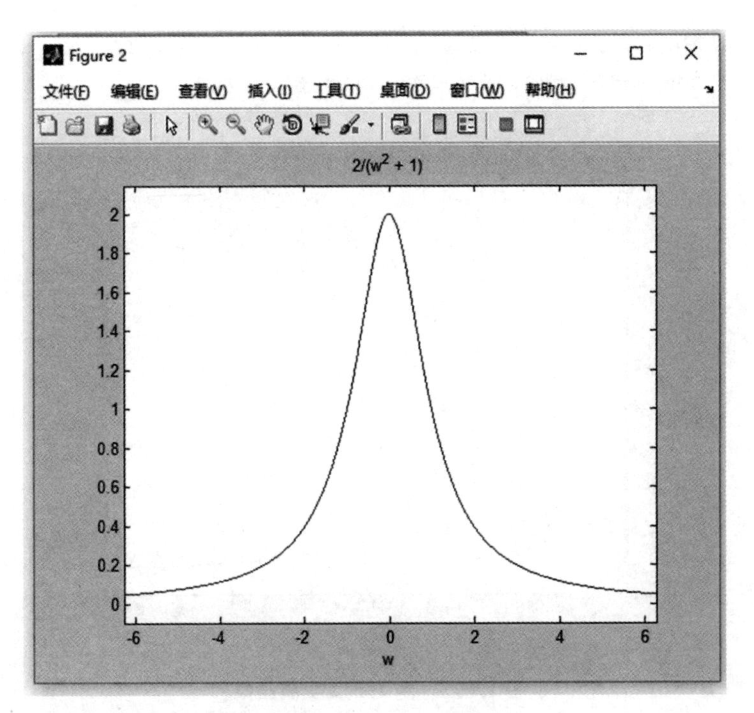

图 1.5.1　例 1.5.1 实验结果

MATLAB 语句如下：

```
syms w;
F(jw) = 1/(2+j*w);
ft=ifourier(F(jw), t);
ezplot(ft);
```

实验结果如图 1.5.2 所示。

例 1.5.3　试绘制调制信号 $f(t)=2p_4(t)\cos(10\pi t)$的频谱图。

MATLAB 程序如下：

```
ft=sym('2*cos(10*pi*t)*(heaviside(t+2)-heaviside(t-2))');
%定义整个符号表达式
Fw= fourier(ft);
subplot(211);
ezplot(ft,[-0.5 0.5]);
grid on;
subplot(212);
ezplot( Fw,[-24*pi 24*pi]);
grid on;
```

实验结果如图 1.5.3 所示。

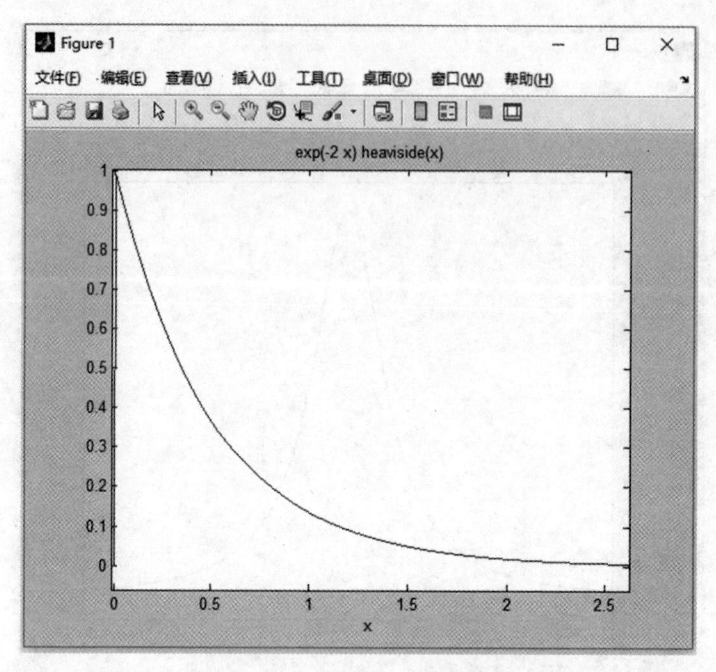

图 1.5.2　例 1.5.2 实验结果

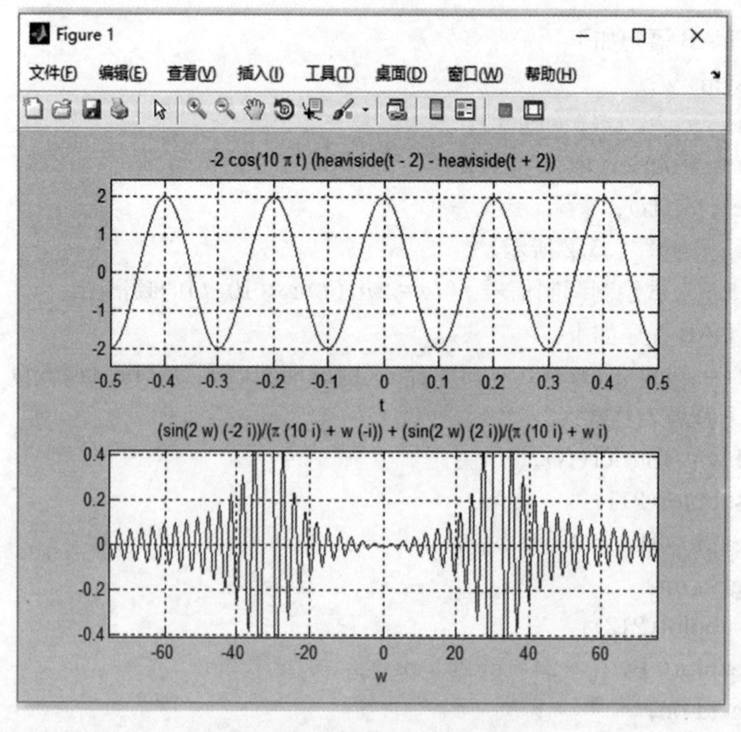

图 1.5.3　例 1.5.3 实验结果

例 1.5.4　试绘制信号 $f(t)=e^{-t}u(t)$的频谱图。

MATLAB 语句如下：

```
ft=sym('exp(-t)*heaviside(t)');
Fw=fourier(ft);
subplot(211);
ezplot(abs(Fw));
grid on;
title('幅度谱');
phase=atan(imag(Fw)/real(Fw));
subplot(212);
ezplot(phase);
grid on;
title('相位谱');
```

实验结果如图 1.5.4 所示。

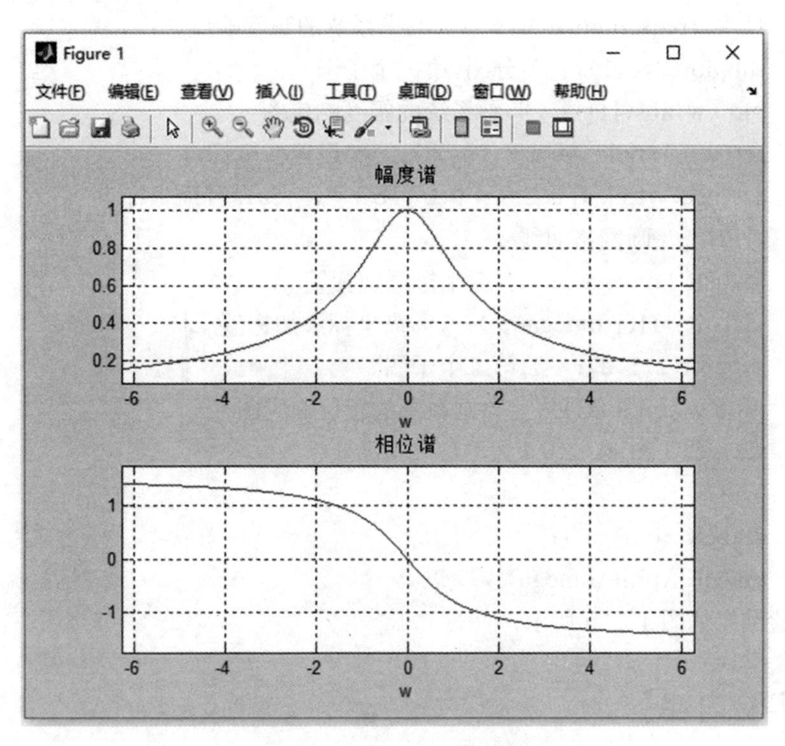

图 1.5.4　例 1.5.4 实验结果

2. 系统的频域分析

对于一个稳定的 LTI 系统，其频率响应表达式一般表示为

$$H(\mathrm{j}\omega)=\frac{Y(\mathrm{j}\omega)}{F(\mathrm{j}\omega)}=\frac{b_m(\mathrm{j}\omega)^m+b_{m-1}(\mathrm{j}\omega)^{m-1}+\cdots+b_1(\mathrm{j}\omega)+b_0}{a_n(\mathrm{j}\omega)^n+a_{n-1}(\mathrm{j}\omega)^{n-1}+\cdots+a_1(\mathrm{j}\omega)+a_0}$$

在 MATLAB 中,可以调用 freqs 函数计算系统的频率响应。其语法格式为

H = freqs(num, den, w) 或 [H W] = freqs(num,den)

其中,num 为频率响应的分子系数向量,den 为频率响应的分母系数向量。

例 1.5.5 LTI 系统的微分方程 $y''(t)+4y'(t)+3y(t)=2f'(t)+3f(t)$ 的系统频域响应为

$$H(\mathrm{j}\omega)=\frac{2(\mathrm{j}\omega)+3}{(\mathrm{j}\omega)^2+4(\mathrm{j}\omega)+3}$$

试绘制系统的幅度响应 $|H(\mathrm{j}\omega)|$ 和相位响应 $\varphi(\omega)$。

MATLAB 语句如下:

```
w=0:0.01:5
num = [2 3];  %设置分子系数向量
den = [1 4 3];  %设置分母系数向量
H = freqs(num,den,w);  %求系统的频率响应
subplot(2,1,1);  %分图,第一个子图
plot(w,abs(H));  %画系统的幅度响应图
set(gca,'xtick',[0 1 2 3 4 5]);  %设置横坐标点
set(gca,'ytick',[0.2 0.4 0.6 0.8 1]);  %设置纵坐标点
grid;  %画网格曲线
xlabel('\omega');  %横坐标添加标签
ylabel('|H(j\omega)|');  %纵坐标添加标签
subplot(2,1,2);  %第二个子图
plot(w,angle(H));  %画系统的相位响应图
set(gca, 'xtick',[0 1 2 3 4 5]);
grid;
xlabel('\omega');
ylabel('\phi(\omega)');
```

实验结果如图 1.5.5 所示。

【实验内容】

1. 利用 MATLAB 实现下列信号的傅里叶变换;

(1) $f(t)=u(2t+1)-u(t-1)$;　　(2) $f(t)=1-|t|,|t|\leqslant 1$;

(3) $f(t)=\mathrm{Sa}(2t)$。

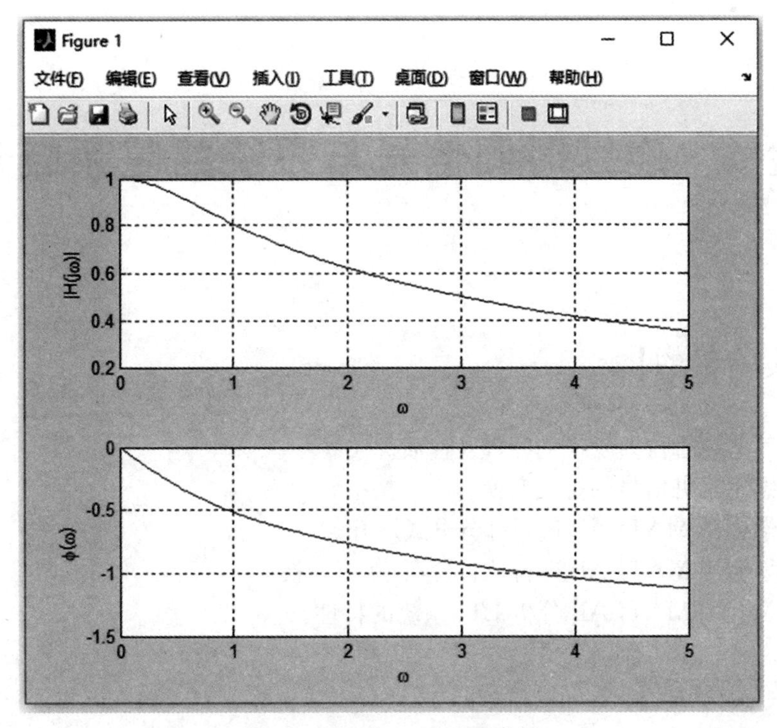

图 1.5.5　例 1.5.5 实验结果

2. 利用 MATLAB 实现下列频谱函数的傅里叶反变换：

(1) $F(\mathrm{j}\omega)=\dfrac{(\mathrm{j}\omega)^2+3(\mathrm{j}\omega)+5}{(\mathrm{j}\omega)^2+3(\mathrm{j}\omega)+7}$；　　(2) $F(\mathrm{j}\omega)=\cos(2\omega)$；

(3) $F(\mathrm{j}\omega)=\dfrac{\mathrm{j}\omega+3}{(\mathrm{j}\omega+3)^2+16}$。

3. 利用 MATLAB 绘制下列信号的频谱图：

(1) $f(t)=p_4(t)\cos(6\pi t)$；　　(2) $f(t)=1-|t|,|t|\leqslant 1$。

4. LTI 系统的微分方程 $y''(t)+7y'(t)+12y(t)=3f'(t)+2f(t)$ 的系统频域响应为 $H(\mathrm{j}\omega)=\dfrac{3(\mathrm{j}\omega)+2}{(\mathrm{j}\omega)^2+7(\mathrm{j}\omega)+12}$，试绘制系统的幅度响应 $|H(\mathrm{j}\omega)|$ 和相位响应 $\varphi(\omega)$。

【思考题】

利用 MATLAB 举例验证下列的性质：

1. 展缩特性：若 $f(t)\overset{\mathrm{FT}}{\leftrightarrow}F(\mathrm{j}\omega)$，则 $f(at)\overset{\mathrm{FT}}{\leftrightarrow}\dfrac{1}{|a|}F\left(\mathrm{j}\dfrac{\omega}{a}\right)$。

2. 互易性：若 $f(t)\overset{\mathrm{FT}}{\leftrightarrow}F(\mathrm{j}\omega)$，则 $F(\mathrm{j}t)\overset{\mathrm{FT}}{\leftrightarrow}2\pi f(-\omega)$。

实验 6　连续时间信号与系统的复频域分析

【实验目的】

1. 熟悉拉普拉斯变换的原理及性质。
2. 熟悉常见信号的拉氏变换。
3. 学会用 MATLAB 进行部分分式展开。
4. 学会用 MATLAB 进行拉普拉斯正、反变换。
5. 学会用 MATLAB 分析 LTI 系统的特性。

【实验原理】

复频域分析是以拉普拉斯变换为工具，将时间域映射到复频域（S 域），在复频域里实现连续时间信号与系统的处理。复频域表达式为 $F(s)=\int_{-\infty}^{\infty}f(t)\mathrm{e}^{-st}\mathrm{d}t$。

复频域分析是频域分析的推广，也是分析连续时间信号的重要手段。由于 $F(s)=|F(s)|\mathrm{e}^{\mathrm{j}\varphi(s)}$，而 s 平面是一个复平面，$|F(s)|$ 和 $\varphi(s)$ 分别对应着复平面上的两个曲面，为了能直观地分析连续信号的拉氏变换 $F(s)$ 随复变量 s 的变化情况，可以利用 MATLAB 绘制 $F(s)$ 的三维曲面图。

绘制三维曲面图常用的函数有：

（1）mesh 函数

mesh 函数生成有 X,Y,Z 指定的网线面，其语法格式为 mesh(X,Y,Z)。

（2）surf 函数

surf 和 mesh 的用法类似，产生由 X,Y,Z 指定的三维有色图，其语法格式为 surf(X,Y,Z)。

（3）colormap 函数

功能设置或获取当前色图。其语法格式为 colormap(map)，通过矩阵 map 设置色图。另外，colormap(hsv(n))生成有 n 种颜色的 hsv 有色图。若用户没有指定颜色数，如 colormap(hsv)，则生成与当前色图中颜色数相同的 hsv 颜色图。

1. 拉普拉斯正、反变换的求解

在 MATLAB 中，可以调用 laplace 和 ilaplace 函数来完成拉普拉斯正、反变换的求解。其调用格式为 F = laplace(f) 和 f = ilaplace(F)。另外，对于拉普拉斯变换反变换，MATLAB 也可以采用部分分式展开法来求解，求语法格式为[r, p, k] = residue(num, den)。其中，num、den 分别为 $F(s)$ 的分子和分母的系数向量，r 为部分分式的系数，p 为极点，k 为 $F(s)$ 中整式部分的系数，若 $F(s)$ 为有理真分式，则 k 为零。

例 1.6.1　利用 MATLAB 求 $f(t) = e^{-t}\sin(2t)u(t)$ 的拉普拉斯变换。

MATLAB 语句如下：

```
f = sym('exp(-t) * sin(2 * t) * heaviside(t)');
F = laplace(f);
```

例 1.6.2　求出连续时间信号 $f(t) = \sin(2 * t)u(t)$ 的拉普拉斯变换式，并画出图形。

MATLAB 语句如下：

```
%求 f(t)的拉普拉斯变换
ft = sym('sin(t) * heaviside(t)');
Fs = laplace(ft);
%画 F(s)的三维曲面图
syms x y s;
s = x + i * y;          %产生复变量 s
FFs = 1/(s^2 + 4);      %将 F(s)表示成复变函数形式
FFss = abs(FFs);        %求出 F(s)的模
ezmesh(FFss);           %画出拉氏变换的网格曲面图
ezsurf(FFss);           %画出带阴影效果的三维曲面图
colormap(hsv);          %设置图形中多条曲线的颜色顺序
```

实验结果如图 1.6.1 所示。

对于曲面图，可以采用第二种方法进行绘制：

```
x1 = -5: 0.1:5;                  %设置 s 平面的横坐标范围
y1 = -5: 0.1: 5;                 %设置 s 平面的纵坐标范围
[x,y] = meshgrid(x1,y1);         %产生矩阵
s = x + i * y;                   %产生矩阵 s 来表示所绘制曲面图的复平
面区域
Fs = 1./(s. * s + 4);            %计算拉普拉斯变换在复平面上的样点值
ffs = abs(Fs);                   %求幅值
mesh(x,y,ffs);                   %绘制拉普拉斯变换的三维网格曲面图
surf(x,y,ffs);                   %绘制带阴影效果的三维曲面图
colormap(hsv);                   %设置图形中多条曲线的颜色顺序
```

实验结果如图 1.6.2 所示。

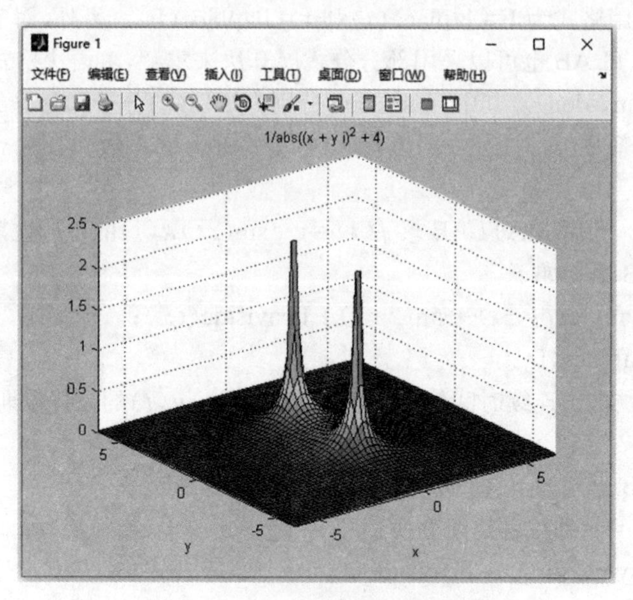

图 1.6.1 三维曲面图实验结果

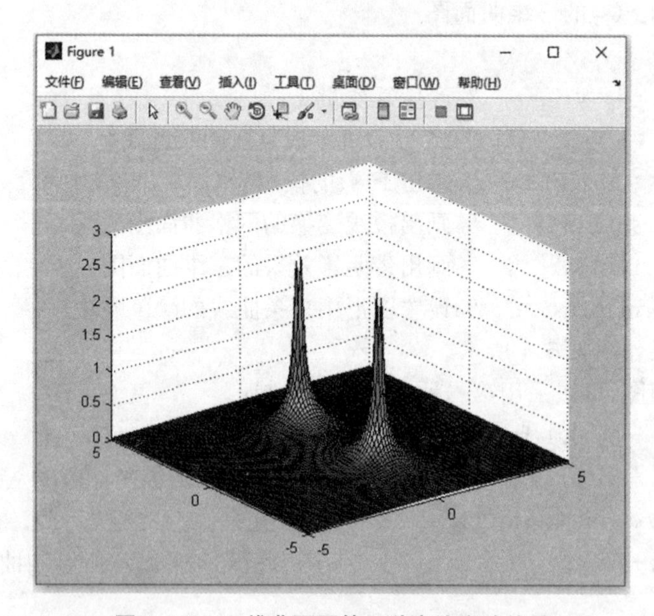

图 1.6.2 三维曲面图第二种方法实验结果

例 1.6.3 求出函数 $F(s)=\dfrac{2}{s^2+4}$ 拉普拉斯反变换。

MATLAB 语句如下：

```
Fs = sym('2/(4+s^2)');      %定义 F(s)的表达式
ft = ilaplace(Fs);          %求 F(s)的拉氏反变换式 f(t)
```

例 1.6.4　用部分分式展开法求 $F(s)=\dfrac{s+4}{s^3+6s^2+11s+6}$的反变换。

MATLAB 语句如下：

```
format rat;  %分数格式形式。用有理数逼近显示数据。
num=[1,4];
den=[1,6,11,6];
[r,p]=residue(num,den); %运行中显示 r 和 p 即可。
```

实验结果如下：

```
r=
    1/2
    -2
    3/2
p=
    -3
    -2
    -1
```

由实验结果得知，$F(s)=\dfrac{3/2}{s+1}+\dfrac{-2}{s+2}+\dfrac{1/2}{s+3}$，所以，$f(t)=\left(\dfrac{3}{2}e^{-t}-2e^{-2t}+\dfrac{1}{2}e^{-3t}\right)u(t)$。

2. 连续系统零极点的绘制

对于一个连续时间 LTI 系统，系统函数 $H(s)$可表示为

$$H(s)=\frac{b_m s^m+b_{m-1}s^{m-1}+\cdots+b_1 s+b_0}{s^n+a_{n-1}s^{n-1}+\cdots+a_1 s+a_0}=\frac{N(s)}{D(s)}$$

其中，使分母多项式 $D(s)=0$ 的点，称为 $H(s)$的极点，系统函数分子多项式 $N(s)=0$ 的点，称为 $H(s)$的零点。研究系统函数的零极点分布，不仅可以了解连续时间 LTI 系统冲激响应的形式，还可以了解稳定的连续时间 LTI 系统的频率响应特性以及系统的稳定性。

在 MATLAB 中，可以调用 pzmap 函数画出系统的零极点图，其语法格式为 pzmap(sys)，其中 sys=tf(num, den)，num 和 den 分别是系统函数 $H(s)$的分子和分母系数向量。也可以调用[z,p]=tf2zp(num, den)，zplane (z,p)函数来绘制。

例 1.6.5　已知系统函数为 $H(s)=\dfrac{s^2-2s+5}{s^2+3s+2}$，试绘制零极点图。

MATLAB 语句如下：

```
num = [1  -2  5];        %分子系数，按降幂顺序排列
den = [1  3  2];         %分母系数，按降幂顺序排列
```

```
[z,p] = tf2zp(num,den);        %求零点 z 和极点 p
zplane (z,p);                  %画出零极点图
```

实验结果如图 1.6.3 所示。

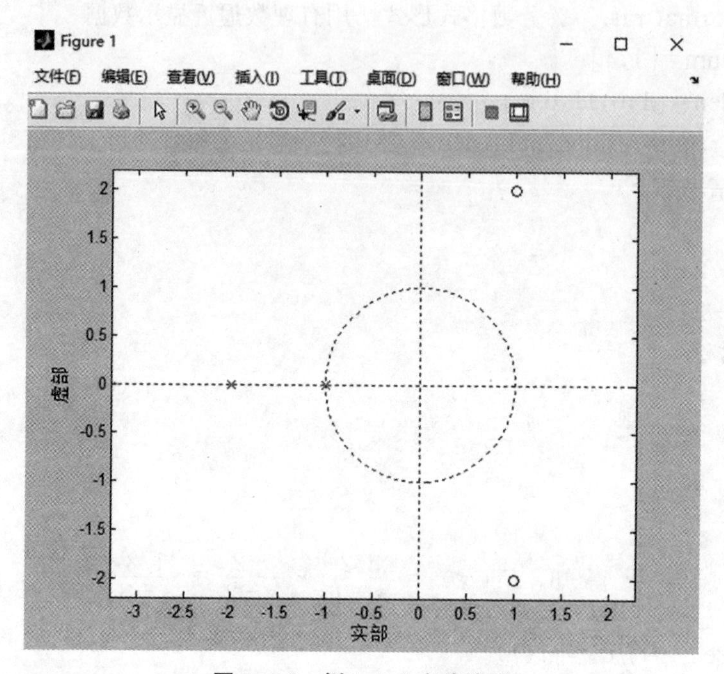

图 1.6.3　例 1.6.5 实验结果

3. 连续时间 LTI 系统特性的分析

连续时间 LTI 系统特性的分析主要包括对系统的频率特性、系统稳定性的分析等。在 MATLAB 中，也可以调用 freqs 函数对系统函数 $H(s)$进行频率特性分析，其语法格式与例 1.5.5 频率的特性分析相同。

例 1.6.6　已知系统函数为 $H(s)=\dfrac{1}{s^3+2s^2+3s+1}$，试用 MATLAB 求系统的单位冲激响应 $h(t)$和频率响应 $H(j\omega)$，并绘制相应的波形图。

MATLAB 语句如下：

```
num=[1];
den=[1,2,3,1];
sys=tf(num,den);
t=0:0.01:10;
h=impulse(sys,t);
figure(1);
plot(t,h)
title('Impulse Response')
```

```
[H,w] = freqs(num,den);        %求频率响应
figure(2);
plot(w,abs(H))
xlabel('\omega')
title('Magnitude Response')
```

实验结果如图 1.6.4 所示。

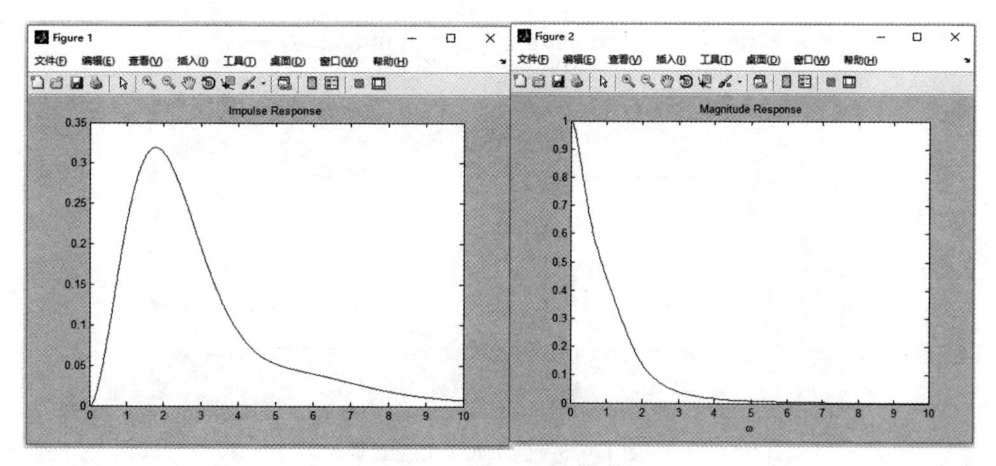

图 1.6.4　例 1.6.6 实验结果

例 1.6.7　已知系统函数为 $H(s)=\dfrac{0.1s^2+0.2s+1}{s^2+0.3s+1}$，求其频率特性。

MATLAB 语句如下：

```
num = [0.1  0.2  1];
den = [1  0.3  1];
w = logspace (-1, 1);    %频率范围,生成 50 个数,10^-1 - 10^1
freqs(num, den,w)        %画出频率响应曲线和相位响应曲线
```

实验结果如图 1.6.5 所示。

【实验内容】

1. 求出下列函数的拉氏变换式，并画出其三维曲面图：

(1) $f(t)=3\mathrm{e}^{-3t}u(t)+2\mathrm{e}^{-2t}u(t)$；　(2) $f(t)=\mathrm{e}^{-2t}\cos(t)u(t)$；

(3) $f(t)=\mathrm{e}^{-t}\sin(t)u(t)$。

2. 已知下列系统函数 $H(s)$，求其零极点，并画出零极点图，并根据零极点图判断系统的稳定性。

(1) $H(s)=\dfrac{5s+4}{s^2+2s+5}$；　(2) $H(s)=\dfrac{3s^2+4s}{s^3+2s^2+3s-5}$；

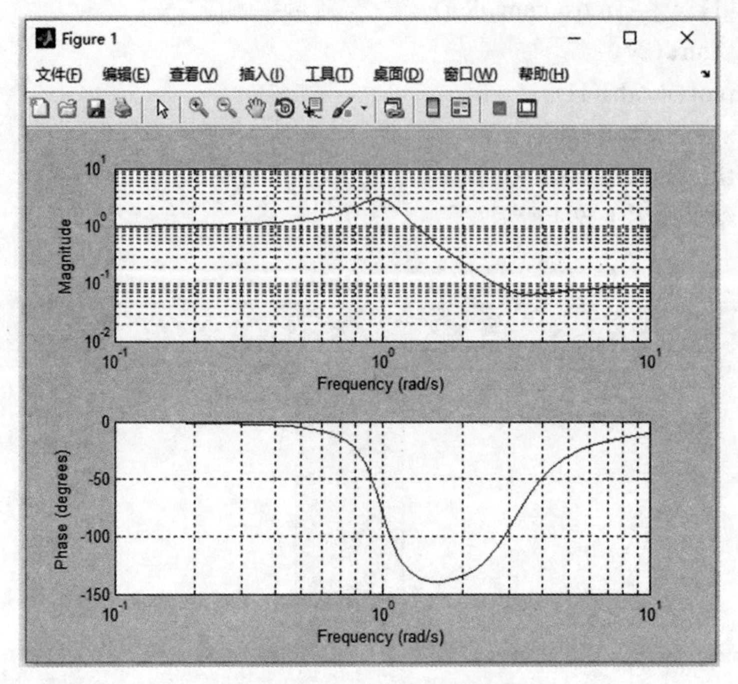

图 1.6.5 例 1.6.7 实验结果

(3) $H(s)=\dfrac{s+4}{s(s+1)(s+2)(s+3)}$。

3. 绘制下列系统函数 $H(s)$ 的幅频特性曲线：

(1) $H_1(s)=\dfrac{s+1}{s+2}$；　　(2) $H(s)=\dfrac{5s+4}{s^2+2s+5}$；

(3) $H_2(s)=\dfrac{3s^2+2s+1}{3s^3-2s^2+s+1}$。

【思考题】

1. 总结系统函数与系统特性的关系。
2. 总结系统的零极点分布与系统稳定的关系。

实验 7　离散信号的时域描述与运算

【实验目的】

1. 熟悉常见离散信号的意义、特性及波形。
2. 学会用 MATLAB 表示常用离散信号的方法。
3. 学会运用 MATLAB 进行离散时间信号的基本运算。

【实验原理】

离散信号的绘制一般用 stem 函数，MATLAB 只能表示一定时间范围内有限长度的序列。对于任意离散序列 $f[k]$，需用两个向量来表示：一个表示 k 的取值范围，另一个表示序列的值。

例如，序列 $f[k]=\{1,2,1,\underline{1},-1,3,1,3\}$（这里的"$\underline{1}$"表示 $k=0$ 所对应的位置，下同）可用 MATLAB 表示为

```
k= -3:5;
f=[1,2,1,1,-1,3,1,3];
```

若序列是从 $k=0$ 开始的，则只用一个向量 f 就可以表示该序列了。由于计算机内存的限制，MATLAB 无法表示一个任意的无穷序列。

在 MATLAB 中，绘制离散序列波形图的专用命令为 stem()，其调用格式有：

stem(k,f)　%在图形窗口中，绘制出样值顶部为空心圆的序列波形图。

stem(k,f,'fill')　%在图形窗口中，绘制出样值顶部为实心圆的序列波形图。

1. 指数序列

离散指数序列的一般形式为 a^k，可以用 MATLAB 中的数组幂运算 a.^k 来实现。

指数序列 $(-0.5)^k$ 的 MATLAB 源程序如下：

```
k= -10:10;
a= -0.5;
y=a.^k;
```

```
stem(k,y);
title('(-0.5)^k');
```

运行程序后，得到指数序列$(-0.5)^k$的波形如图1.7.1所示。

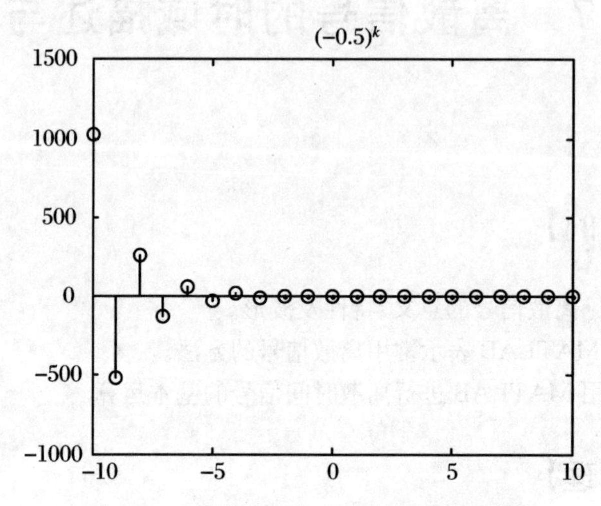

图1.7.1 指数序列$(-0.5)^k$的时域波形图

2. 正弦序列

离散正弦序列的MATLAB表示与连续信号类似，只不过是用stem函数而不是用plot函数来画出序列的波形。正弦序列sin(2k)的MATLAB源程序如下：

```
k=-10:10;
y=sin(2*k);
stem(k,y);
title('sin(2k)');
```

运行程序后，得到正弦序列$\sin(2k)$的波形如图1.7.2所示：

3. 单位脉冲序列

单位冲激序列$\delta(k)$定义如下：

$$\delta(k)=\begin{cases}1, & k=0\\0, & k\neq 0\end{cases} \tag{7.1}$$

一种简单的表示方法是借助MATLAB中的全零矩阵函数zeros。全零矩阵zeros(1,N)产生一个由N个零组成的行向量。单位冲激序列$\delta(k)$的MATLAB源程序如下：

```
k=-10:10;
delta=[zeros(1,10),1,zeros(1,10)];
stem(k,delta);
title('单位冲激序列');
```

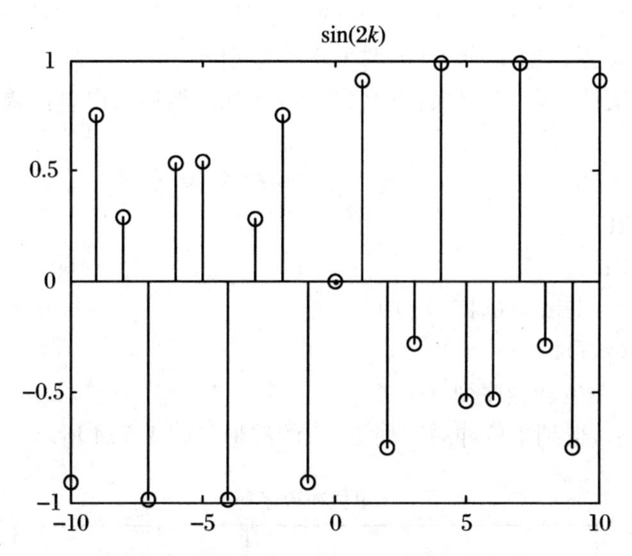

图 1.7.2　正弦序列 sin(2k)的时域波形图

运行程序后，得到单位冲激序列 $\delta(k)$的波形如图 1.7.3 所示。

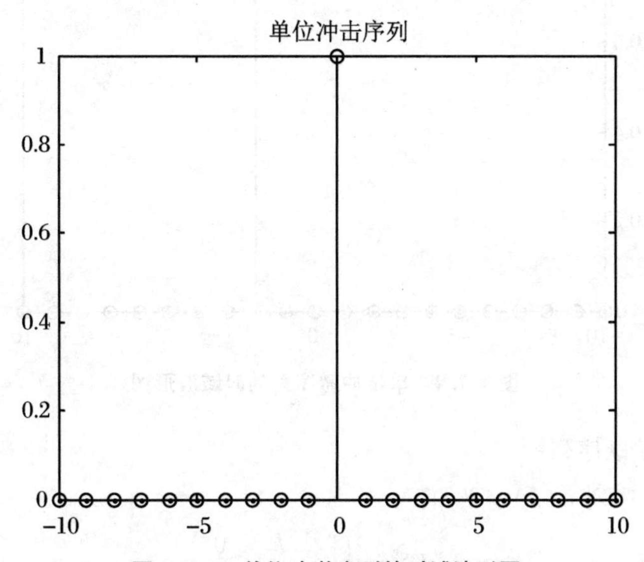

图 1.7.3　单位冲激序列的时域波形图

另一种更有效的表示方法是将单位冲激序列写成 MATLAB 函数的形式，利用关系运算符“= =”来实现。先将 $u(k)$用 function 语句定义为函数。程序代码如下：

```
function [f,k] = delta(k0,k1,k2);    %产生 f[k] = δ(k - k0)
k = [k1:k2];
f = [(k - k0) = = 0];
```

程序中关系运算"(k - k0) = = 0"的结果是一个由"0"和"1"组成的向量,即"k = k0"时 True 返回值 1,"k≠k0"时 False 返回值 0。

将该函数文件保存,并将文件命名为 delta.m。然后可以直接调用此函数。程序代码如下:

```
k1 = -10;
k2 = 10;
k0 = 2;
[f,k] = delta(k0,k1,k2);
stem(k,f);
title('单位冲激序列');
```

运行程序后,得到单位冲激序列 $\delta(k)$的波形如图 1.7.4 所示。

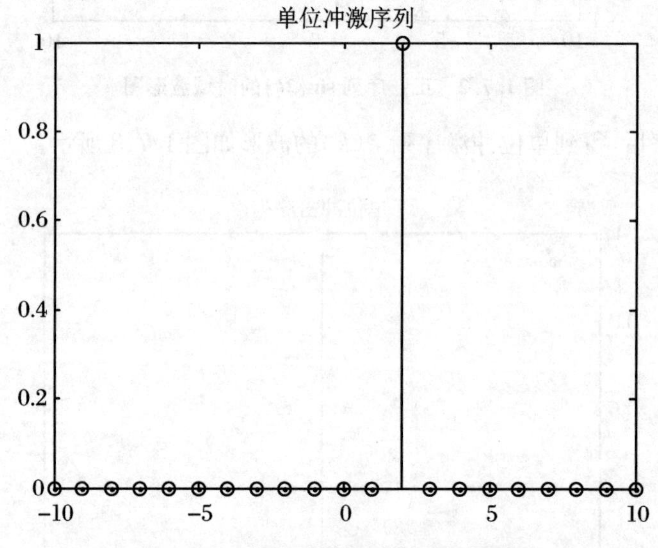

图 1.7.4　单位冲激序列的时域波形图

4. 单位阶跃序列

单位阶跃序列 $u(k)$定义如下:

$$u(k) = \begin{cases} 1, & k \geqslant 0 \\ 0, & k < 0 \end{cases} \tag{7.2}$$

单位阶跃序列 $u(k)$的 MATLAB 源程序如下:

```
k = -10:10;
uk = [zeros(1,10),ones(1,11)];
stem(k,uk);
title('单位阶跃序列');
```

运行程序后,得到单位阶跃序列 $u(k)$的波形如图 1.7.5 所示。

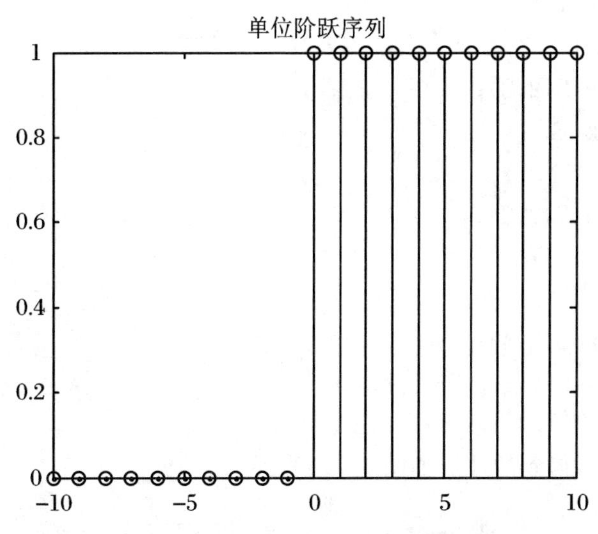

图 1.7.5　单位阶跃序列的时域波形图

5. 离散信号的基本运算

信号相加/减：x = x1 + x2；x = x1 − x2。

注意：x1 和 x2 序列应该具有相同的长度，位置对应，才能相加。

信号相乘：x = x1. * x2；

信号的翻转：y = fliplr(x)；

平移：(同连续信号)；

求和：y = sum(x(k1:k2))；

差分：y = diff(x)。

例 1.7.1　绘制以下序列的波形：

(1) $x_1(k) = 2k\cos(0.6\pi k)$；　　(2) $x_2(k) = x_1(-k)$；

(3) $x_3(k) = x_1(k-5)$；　　(4) $x_4(k) = x_1(k) + 2x_1(k-5)$。

先将 $x_1(k) = 2k\cos(0.6\pi k)$用 function 语句定义为函数。程序代码如下：

```
function y = xyy(k)
y = 2 * k. * cos(0.6 * pi * k);
```

将该函数文件保存，并将文件命名为 xyy. m。然后可以直接调用此函数。程序代码如下：

```
k = - 10:10;
x1 = xyy(k)
x2 = fliplr(x1);
x3 = xyy(k - 5);
x4 = x1 + 2 * x3;
subplot(2,2,1);
```

```
stem(k,x1);
title('x1');
subplot(2,2,2);
stem(k,x2);
title('x2');
subplot(2,2,3);
stem(k,x3);
title('x3');
subplot(2,2,4);
stem(k,x4);
title('x4');
```

运行程序后,得到的波形如图 1.7.6 所示。

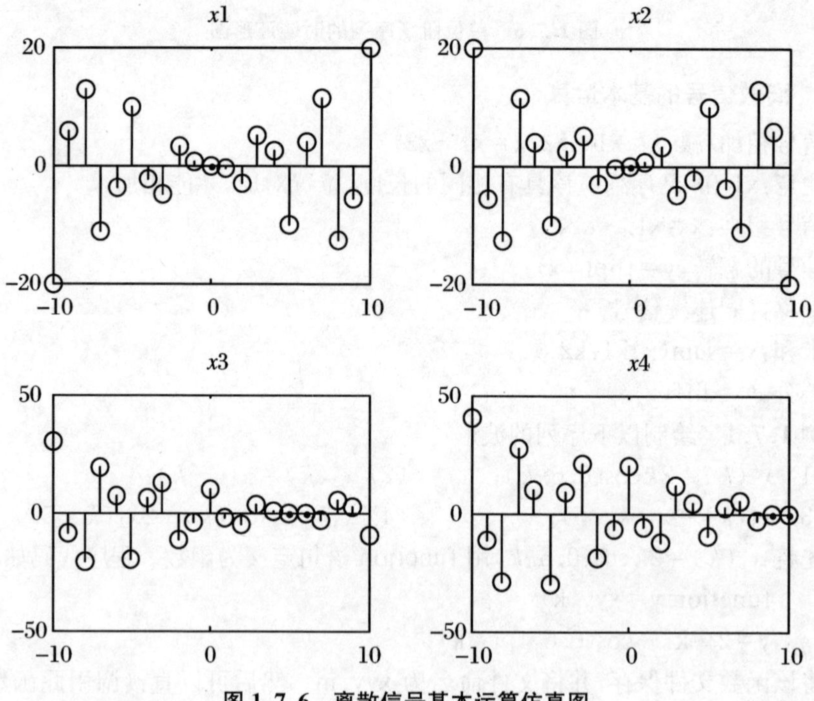

图 1.7.6 离散信号基本运算仿真图

【实验内容】

1. 利用 MATLAB,画出下列离散序列的时域波形图。

(1) $\left(\frac{1}{2}\right)^k u[k]$; (2) $(0.8)^k \cos(0.9\pi k)$;

(3) $u[k+2]-k[k-5]$；　　(4) $ku[k]$；

(5) $\delta[k+2]+3\delta[k+1]-\delta[k-2]$；　(6) $e^{0.5k}\sin(0.5\pi k)$。

2. 已知 $x(n)=n\sin(n)$，分别在同一张图的四个子图上显示以下波形：

$y_1 = x(n-3)$，　$y_2 = x(-n)$，　$y_3 = -x(n)$，　$y_4 = x(-n+3)$

3. 分别绘制下列信号，判断其是否为周期信号，若是，求出其周期。

(1) $y_1=\cos\left(\frac{\pi k}{4}\right)+2\sin\left(\frac{\pi k}{2}\right)+4\cos\left(\frac{\pi k}{8}\right)$；

(2) $y_2=\cos\left(\frac{k}{4}\right)-2\sin\left(\frac{k}{4}\right)-\cos\left(\frac{k}{16}\right)$；

(3) $y_3=\cos\left(\frac{3\pi k}{4}\right)+2\cos\left(\frac{5\pi k}{2}\right)+\cos\left(\frac{3\pi k}{16}\right)$。

【思考题】

1. 正弦信号和正弦序列有何区别？

2. 连续时间信号的基本运算和离散时间信号的基本运算有哪些相同点，哪些不同点？

实验 8　离散信号的频域分析

【实验目的】

1. 加深对傅里叶变换和快速傅里叶变换的理解。
2. 掌握 DFT 函数的用法。
3. 熟悉应用 FFT 对典型信号进行频谱分析的方法。

【实验原理】

1. DFT

在各种信号序列中，有限长序列信号处理占有很重要地位，对有限长序列，可以使用离散 Fouier 变换(DFT)，DFT 的定义如下：

$$X(k) = \sum_{n=0}^{N-1} x(n) W_N^{kn}, \quad W_N = e^{-j\frac{2\pi}{N}} \tag{1.8.1}$$

这一变换不但可以很好地反映序列的频谱特性，而且易于用快速算法在计算机上实现。

在 MATLAB 中没有 DFT 算法的源程序，先将 DFT 用 function 语句定义为函数。程序代码如下：

```
Function [Xk] = dft(xn,N)
n = [0:1:N-1];
k = [0:1:N-1];
WN = exp(-j * 2 * pi/N);
nk = n' * k;
WNnk = WN.^nk;
Xk = xn * WNnk;
```

2. 快速傅里叶变换

FFT(Fast Fourier Transformation)是离散傅里叶变换(DFT)的快速算法。它是根据离散傅里叶变换的奇、偶、虚、实等特性，对离散傅里叶变换的算法进行改进获得的。

快速傅里叶变换是 1965 年由 J. W. Cooley 和 T. W. Tukey 提出的。采用这种算法能使计算机计算离散傅里叶变换所需要的乘法次数大为减少，且被变换的抽样点数 N 越多，FFT 算法计算量的节省就越显著。

MATLAB 为计算数据的离散快速傅里叶变换，提供了一系列丰富的数学函数，主要有 fft、ifft、fft2、ifft2、fftn、ifftn 等。当所处理的数据的长度为 2 的幂次时，采用基 - 2 算法进行计算，计算速度会显著增加。所以，要尽可能使所要处理的数据长度为 2 的幂次或者用添零的方式来添补数据使之成为 2 的幂次。

(1) fft 和 ifft 函数

$Y=\mathrm{fft}(X)$

参数说明：如果 $\boldsymbol{X}$ 是向量，则采用傅里叶变换来求解 $\boldsymbol{X}$ 的离散傅里叶变换；

如果 $\boldsymbol{X}$ 是矩阵，则计算该矩阵每一列的离散傅里叶变换；

如果 $\boldsymbol{X}$ 是 $N\times D$ 维数组，则是对第一个非单元素的维进行离散傅里叶变换；

$Y=\mathrm{fft}(\boldsymbol{X},N)$

参数说明：N 是进行离散傅里叶变换的 $\boldsymbol{X}$ 的数据长度，可以通过对 $\boldsymbol{X}$ 进行补零或截取来实现。

(2) fft2 和 ifft2 函数

$Y=\mathrm{fft2}(\boldsymbol{X})$

参数说明：如果 $\boldsymbol{X}$ 是向量，则此傅里叶变换即变成一维傅里叶变换 fft；

如果 $\boldsymbol{X}$ 是矩阵，则是计算该矩阵的二维快速傅里叶变换；

数据二维傅里叶变换 fft2($\boldsymbol{X}$)相当于 fft(fft($\boldsymbol{X}$))，即先对 $\boldsymbol{X}$ 的列做一维傅里叶变换，然后再对变换结果的行做一维傅里叶变换。

$Y=\mathrm{fft2}(\boldsymbol{X},\boldsymbol{M},N)$

通过对 $\boldsymbol{X}$ 进行补零或截断，使得成为 $M\times N$ 的矩阵。

函数 ifft2 的参数应用与函数 fft2 完全相同。

例 1.8.1　对离散序列 $x(n)=\sin\left(\frac{\pi n}{4}\right)$进行 DFT 变换，截取长度 N 分别选 $N=16$ 和 $N=32$，观察其 DFT 结果的幅度谱。

用 MATLAB 计算并作图，函数 fft 用于计算离散傅里叶变换 DFT，程序如下：

```
k=4;
n1=0:15;
xa1=sin(pi*n1/k);
subplot(2,2,1)
stem(n1,xa1)
xk1=fft(xa1); xk1=abs(xk1);
subplot(2,2,2)
```

```
stem(n1,xk1)
title('N=16')
n2=0:31;
xa2=sin(pi*n2/k);
subplot(2,2,3)
stem(n2,xa2)
xk2=fft(xa2);xk2=abs(xk2);
subplot(2,2,4)
stem(n2,xk2)
title('N=32')
```

运行程序后，得到的波形如图 1.8.1 所示。

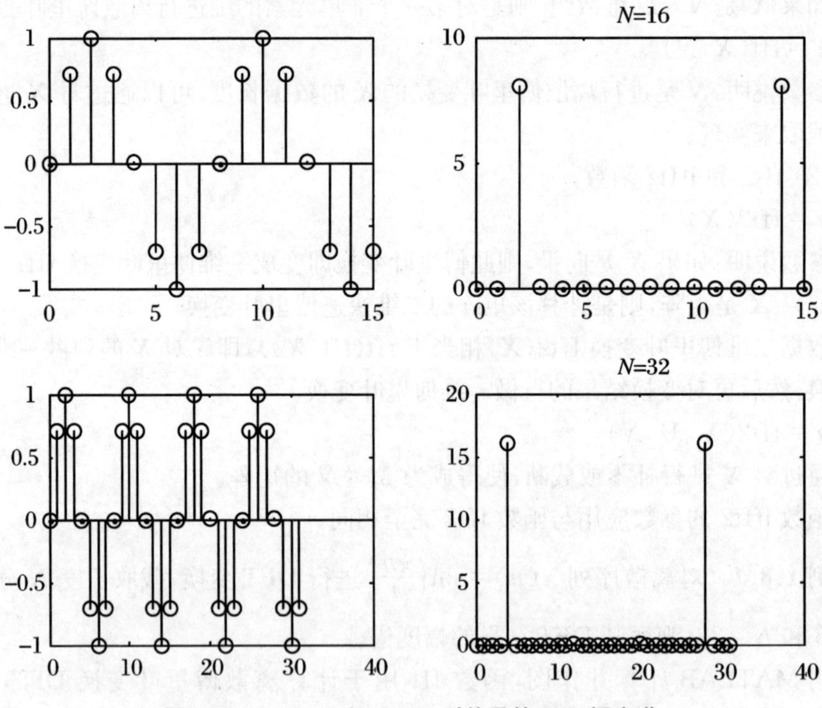

图 1.8.1　N=16 和 N=32 时信号的 DFT 幅度谱

3. 利用 FFT 求解离散傅里叶变换(IFFT)

逆变换 IFFT 式表示如下：

$$x(n) = \frac{1}{N}\sum_{k=0}^{N-1} X(n) W_N^{-nk} \tag{1.8.2}$$

有关 IFFT 的具体应用，与 FFT 一一对应，在此不再赘述。

【实验内容】

1. 分别对下列序列进行频谱分析：编制 DFT 程序及 FFT 程序，并比较 DFT 程序与 FFT 程序的运行时间。

(1) 实指数序列$(1.08)^n$；

(2) 复指数序列$(0.9+0.3\mathrm{j})^n$；

(3) 周期为 N 的正弦序列 $\sin\left(\frac{2\pi}{N}, n\right)$，$0\leqslant n\leqslant N-1$；

(4) 矩形序列 $R_N(n)$；

(5) $x(n)=2\sin(0.48\pi n)+\cos(0.52\pi n)$，$0\leqslant n\leqslant 30$。

2. 对离散序列

$$x(n) = \cos\left(\frac{\pi n}{16}\right)$$

进行 DFT 变换，截取长度 N 分别选 $N=32$ 和 $N=64$，观察其 DFT 结果的幅度谱。

【思考题】

1. 如果实正弦信号

$$\sin(2\pi fn),\quad f = 0.1$$

用 16 点 FFT 来做 DFS 运算，得到的频谱是信号本身的真实谱吗？为什么？

2. 对于周期序列，如果周期不知道，如何用 FFT 进行谱分析？

实验9 离散LSI系统的时域分析

【实验目的】

1. 掌握离散LSI系统零状态响应的求解方法。
2. 掌握离散LSI系统冲激响应和阶跃响应的求解方法。

【实验原理】

1. 离散时间系统零状态响应的求解

在零初始状态下，MATLAB信号处理工具箱提供了一个filter函数，计算由差分方程描述的系统的响应，调用方式为

$$y = \mathrm{filter}(b, a, f)$$

其中，f表示输入序列，y表示输出序列。

$b = [b_0\, b_1\, b_2 \cdots b_M]$是系统差分方程中输入信号前面的系数；

$a = [a_0\, a_1\, a_2 \cdots a_N]$是系统差分方程中输出信号前面的系数。

例1.9.1 已知描述离散因果性系统的差分方程为

$$y[k] + 3y[k-1] + 2y[k-2] = f[k]$$

当$f(k) = 3^k u(k)$时，求解离散时间系统的零状态响应。

MATLAB源程序如下：

```
k=0:20;
f=3.^k.*(k>=0);
a=[1,3,2];
b=[1];
y1=filter(b,a,f);
subplot(2,1,1);
stem(k,y1);
title('实际零状态响应曲线')
y2=(-1/4)*(-1).^k.*(k>=0)+(4/5)*(-2).^k.*(k>=0)+
(9/20)*3.^k.*(k>=0)
```

```
subplot(2,1,2);
stem(k,y2);
title('理论零状态响应曲线')
```

运行程序后，得到的波形如图1.9.1所示。

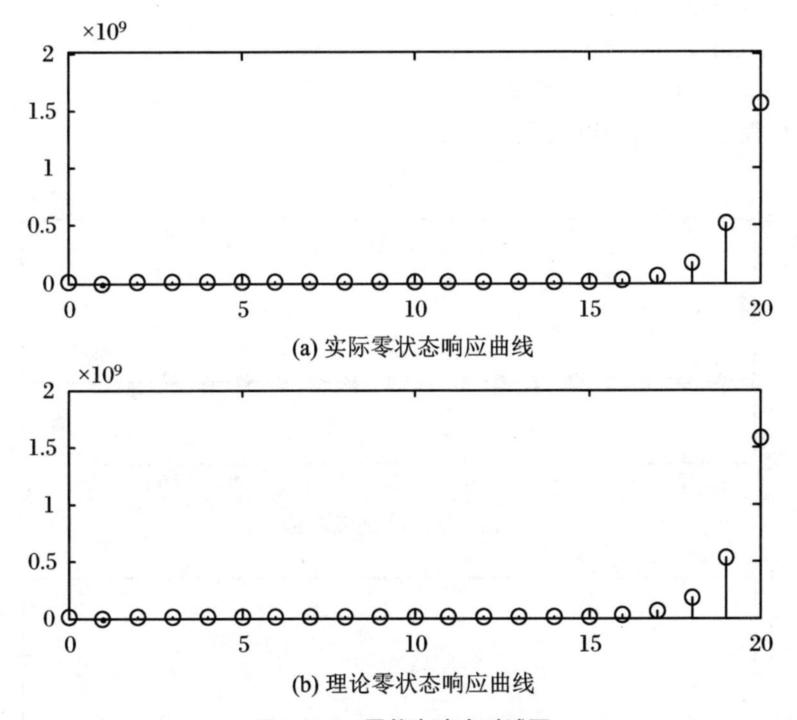

(a) 实际零状态响应曲线

(b) 理论零状态响应曲线

图1.9.1　零状态响应时域图

2. 离散时间系统单位脉冲响应的求解

MATLAB中，求解离散时间系统单位脉冲响应，可以应用信号处理工具箱提供的函数impz，其调用方式为

H = impz(b,a,k)

其中，b,a的定义同filter函数，k表示输出序列的取值范围。

例1.9.2　已知描述离散因果性系统的差分方程为

$$y[k]+3y[k-1]+2y[k-2]=f[k]$$

求解离散时间系统的冲激响应。

MATLAB源程序如下：

```
k=0:20;
a=[1 3 2];
b=[1];
h1=impz(b,a, k);
```

```
subplot(2,1,1);
stem(k,h1,'fill');
title('实际单位冲激响应');
h2=2*(-2).^k.*(k>=0)-(-1).^k.*(k>=0)
subplot(2,1,2);
stem(k,h2,'fill');
title('理论单位冲激响应');
```

运行程序后,得到的波形如图 1.9.2 所示。

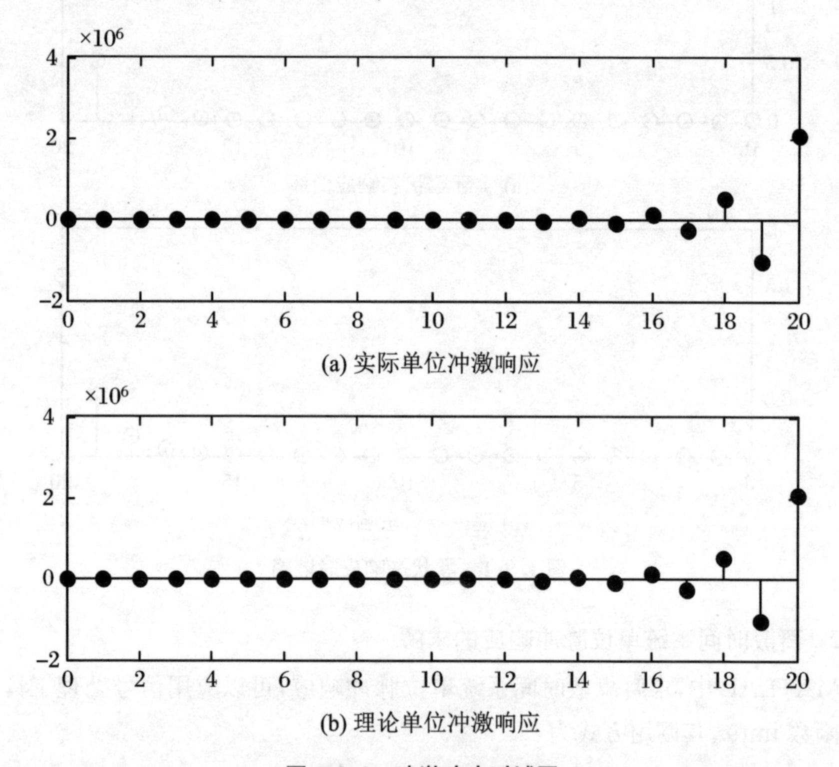

图 1.9.2 冲激响应时域图

3. 离散时间系统单位阶跃响应的求解

MATLAB 中,信号处理工具箱提供函数 step 求解离散时间系统的单位阶跃响应,其调用方式为

$$H=\text{step}(b,a,k)$$

其中,b,a 的定义同 filter 函数,k 表示输出序列的取值范围。

例 1.9.3 已知描述离散因果性系统的差分方程为

$$y[k]+3y[k-1]+2y[k-2]=f[k]$$

求解离散时间系统的阶跃响应。

MATLAB 源程序如下：

```
k=0:20;
a=[1 3 2];
b=[1];
s1=step(b,a,k);
stem(k,s1,'fill');
title('阶跃响应');
```

运行程序后，得到的波形如图 1.9.3 所示。

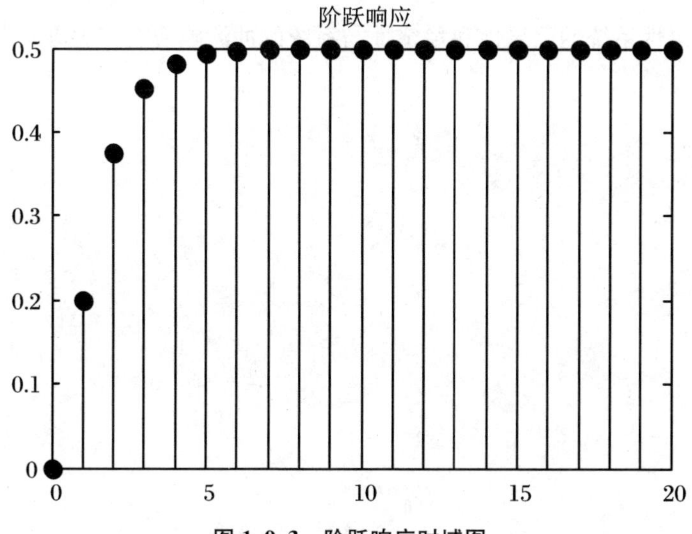

图 1.9.3　阶跃响应时域图

4. 离散卷积的运算

卷积和：两个有限长序列 f_1，f_2卷积可调用 MATLAB 函数 conv，调用格式是

$$f=conv(f1,f2)$$

f 的长度等于f_1和 f_2长度之和减 1，f 的起点是f_1和 f_2的起点之和，f 的终点是f_1和 f_2的终点之和。

【实验内容】

1. 已知描述离散因果性系统的差分方程为

$$y(k)-1.2y(k-1)+0.75y(k-2)=f(k)+1.25f(k-1)$$

(1) 当 $f(k)=u(k)$时，求解离散时间系统的冲激响应、阶跃响应、零状态响应。

(2) 当 $f(k)=\sin(2k)u(k)$时，求解离散时间系统的冲激响应、阶跃响应、零状态响应。

2. 某离散 LSI 系统的差分方程为 $2y(k)-5y(k-1)+y(k-2)=2f(k-1)$，求解系统的冲激响应和阶跃响应。

3. 已知两信号：

$$f_1(k) = \delta(k+1) + 2\delta(k) + \delta(k-1)$$

$$f_2(k) = \delta(k+2) + \delta(k+1) + \delta(k) + \delta(k-1) + \delta(k-2)$$

求它们的卷积和。

【思考题】

离散因果性系统的因果性和稳定性与系统的冲激响应有何关系？

实验 10　离散 LSI 系统的复频域分析

【实验目的】

1. 掌握离散 LSI 系统的复频域分析方法。
2. 掌握离散 LSI 系统的零极点分布与系统特性的关系。

【实验原理】

1. 离散 LSI 系统的复频域分析

(1) 单边正/反 z 变换

z 变换分析法是分析离散时间信号与系统的重要手段。在 MATLAB 语言中有专门对信号进行单边正/反 z 变换的函数 ztrans()和 itrans()。其调用格式分别如下：

```
F = ztrans(f)       %对 f(k)进行 z 变换,其结果为 F(z);
f = itrans(F)       %对 F(z)进行 z 反变换,其结果为 f(k)。
```

注意：在调用函数 ztrans()及 iztrans()之前，要用 sym 或 syms 命令对需要用到的变量定义成符号变量。

例 1.10.1　用 MATLAB 求出离散序列 $f[k]=(0.5)^k$ 的 z 变换。

MATLAB 源程序如下：

```
syms k z
f = 0.5^k;
Fz = ztrans(f)
```

运行结果如图 1.10.1 所示。

```
Fz =

z/ (z - 1/2)
```

图 1.10.1　$f[k]=(0.5)^k$ 的 z 变换结果

写成标准式为 $F(z)=\dfrac{z}{z-\dfrac{1}{2}}$，与理论求出的单边 z 变换一致。

例 1.10.2 已知一离散信号的 z 变换式为 $F(z)=\dfrac{2z}{2z-1}$，求出它所对应的离散信号 $f(k)$。

MATLAB 源程序如下：

```
syms k z
Fz=2* z/(2*z-1);
fk=iztrans(Fz,k)
```

运行结果如图 1.10.2 所示。

```
fk =

(1/2)^k
```

图 1.10.2 $F(z)=\dfrac{2z}{2z-1}$的反 z 变换结果

写成标准式为 $F(z)=\left(\dfrac{1}{2}\right)^k$，与理论求出的单边反 z 变换一致。

2. 离散系统零极点图

z 变换后可得系统函数：

$$H(z)=\frac{Y(z)}{F(z)}=\frac{b_0+b_1z^{-1}+\cdots+b_Mz^{-M}}{a_0+a_1z^{-1}+\cdots+a_Nz^{-N}}\quad(N>M)$$

[z,p,k]=tf2zp(b,a)调用格式是

$$a=[a_0\,a_1\,a_2\cdots a_N],\quad b=[b_0\,b_1\,b_2\cdots b_M,0,\cdots,0]$$

返回值 z 为零点、p 为极点、k 为增益常数。

zplane(b,a)画系统函数的零极点图。

例 1.10.3 求系统函数 $H(z)=\dfrac{1}{1+3z^{-1}-z^{-2}}$的零极点，并画出零极点图。

MATLAB 源程序如下：

```
a=[1 3 -2];
b=[1 0 0];
zplane(b,a)
[z,p,k]=tf2zp(b,a)
```

运行结果如图 1.10.3 所示。

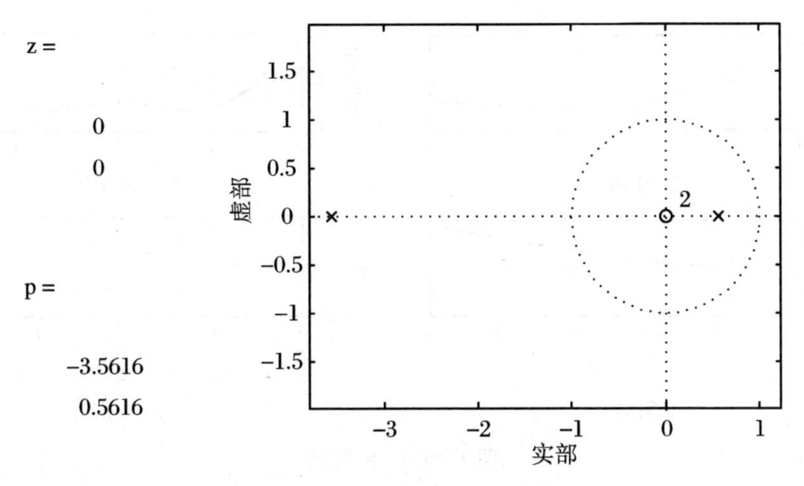

图 1.10.3　零极点结果和零极点图

3. 离散系统的频率特性

离散系统的频率特性由系统函数求出，令 $z=e^{j\omega}$，MATLAB 函数 freqz 可计算频率特性，调用格式有

[H, W] = freqz(b, a, n)

其中，b 和 a 的定义同 tf2zp 系数，n 是 0～π 范围内的 n 个等份点，默认值 512，H 是频率响应函数值，W 是相应频率点；

[H, W] = freqz(b, a, n, 'whole'), n 是 0～2π 范围内的 n 个等份点；

freqz(b, a, n)，直接画频率响应幅频和相频曲线。

例 1.10.4　已知系统函数 $H(z)=\dfrac{1}{1+3z^{-1}-z^{-2}}$，画出其频谱图。

MATLAB 源程序如下：

```
a=[1 3 -2];
b=[1 0 0];
figure(1)
freqz(b,a,400);
title('频谱图 1');
figure(2)
freqz(b,a,400,'whole');
title('频谱图 2');
```

运行结果如图 1.10.4 所示。

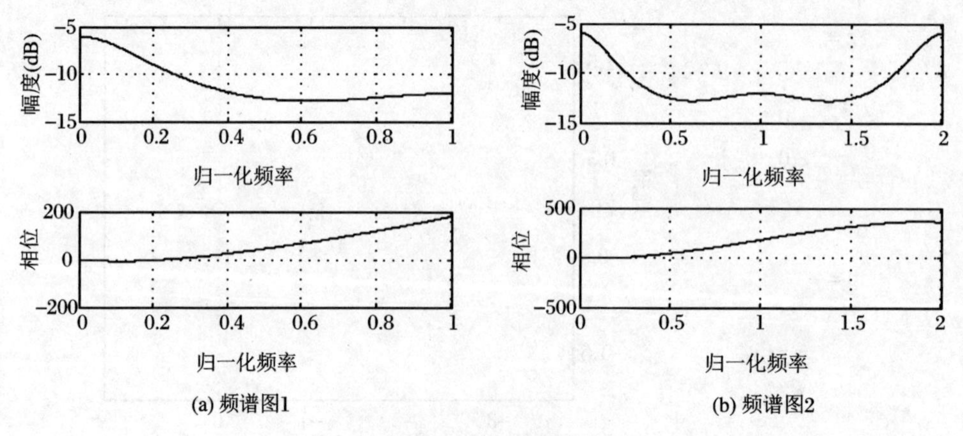

图 1.10.4 频谱图

【实验内容】

1. 求出下列离散序列的 z 变换：

(1) $f_1[k]=\left(\frac{1}{2}\right)^k u[k]$；　(2) $f_2[k]=\cos(\pi k)u[k]$；

(3) $f_3[k]=u[k]-u[k-5]$；　(4) $f_4[k]=\delta[k]$。

2. 已知下列单边离散序列的 z 变换表达式，求其对应的原离散序列。

(1) $F_1(z)=\frac{z^2+z+1}{z^2+z-2}$；　(2) $F_2(z)=1+\frac{1}{z}+\frac{1}{z^2}+\frac{1}{z^3}+\frac{1}{z^4}$。

3. 已知离散因果性系统的系统函数 $H(z)$ 如下：

$$H(z)=\frac{4z+4}{\left(z+\frac{1}{2}\right)\left(z+\frac{2}{3}\right)}$$

请绘出系统的幅频、相频特性曲线和零极点分布图，并判断系统的稳定性。

【思考题】

系统在原点处的零极点对系统的幅频响应有何影响？为什么？

实验 11　离散系统函数的基本结构

【实验目的】

掌握离散 LSI 系统的直接型、级联型、并联型。

【实验原理】

1. 并联型

用 MATLAB 函数 residue 可以得到复杂有理分式 $F(z)$ 的部分分式展开式，其调用格式为

[r,p,k] = residue(b,a)

其中，b 和 a 分别为 $F(z)$ 的分子和分母的系数，r 为部分分式的系数，p 为极点，k 为 $F(z)$ 中整式部分的系数。若 $F(z)$ 为有理真分式，则 k 为零。

例 1.11.1　将 $F(z)=\dfrac{z^3+16z^2+31z}{z^3+7z^2+7z-15}$ 用部分分式展开。

解　由 $F(z)$ 得到 $\dfrac{F(z)}{z}=\dfrac{z^2+16z+31}{z^3+7z^2+7z-15}$。

MATLAB 源程序如下：

```
a=[1 7 7 -15 ];
b=[0 1 16 31];
[r,p,k] = residue(b,a)
```

运行结果如图 1.11.1 所示。

r =	p =	k =
-2.0000	-5.0000	[]
1.0000	-3.0000	
2.0000	1.0000	

图 1.11.1　运行结果

由图 1.11.1 得$\frac{F(z)}{z}=\frac{-2}{z+5}+\frac{1}{z+3}+\frac{2}{z-1}$，写成部分分式展开式为

$$F(z)=\frac{-2z}{z+5}+\frac{z}{z+3}+\frac{2z}{z-1}$$

与理论求出的部分分式展开式一致。

2. 级联型

级联型的求法有以下两种方法：

(1) tf2zp

从系统函数的一般形式求出其零点和极点。

例 1.11.2 将 $F(z)=\frac{z^2-z-2}{z^3+6z^2-9z-54}=\frac{z^{-1}-z^{-2}-2z^{-3}}{1+6z^{-1}-9z^{-2}-54^{-3}}$展开成级联型。

程序如下：

```
b=[0 1 -1 -2];
a=[1 6 -9 -54];
[r,p,k] = tf2zp(b,a)
```

运行结果如图 1.11.2 所示。

```
r =            p =            k =

   2            3.0000          1
  -1           -6.0000
               -3.0000
```

图 1.11.2 运行结果

写成级联型为

$$F(z)=\frac{(z+1)(z-2)}{(z-3)(z+3)(z+5)}$$

与理论求出的级联型一致。

(2) tf2sos

把传递函数转换为二阶系统级联的形式。调用格式如下：

```
[sos,g] = tf2sos(b,a)
```

其中 b 和 a 的定义同 zp2tf 函数。

例 1.11.3 将 $F(z)=\frac{z^2-z-2}{z^3+6z^2-9z-54}=\frac{z^{-1}-z^{-2}-2z^{-3}}{1+6z^{-1}-9z^{-2}-54^{-3}}$展开二阶系统级联型。

MATLAB 源程序如下：

```
b=[0 1 -1 -2];
a=[1 6 -9 -54];
[sos,g] = tf2sos(b,a)
```

运行结果如图 1.11.3 所示。

```
sos =

        0    1.0000         0    1.0000    6.0000         0
   1.0000   -1.0000   -2.0000    1.0000    0.0000   -9.0000

g =
     1
```

图 1.11.3　运行结果

由图 1.11.3 得二阶系统级联型为

$$F(z) = \frac{z^{-1}(1 - z^{-1} - 2z^{-2})}{(1 + 6z^{-1})(1 - 9z^{-2})}$$

例 1.11.4　将 $F(z)=\dfrac{(z+1)(z-2)}{(z-3)(z+3)(z+5)}$展开成系统的一般式。

MATLAB 源程序如下：

```
z=[2 -1]';
p=[3 -6 -3];
k=1;
[b,a]=zp2tf(z,p,k)
```

运行结果如图 1.11.4 所示。

```
b =
     0     1    -1    -2
a =
     1     6    -9   -54
```

图 1.11.4　运行结果

例 1.11.5　已知一因果的 LTI 系统的函数如下：

$$F(z) = \frac{z^2 + 2z + 1}{z^3 - 2z^2 - z - 3}$$

分析系统的零极点分布，并判断系统的稳定性。

解　$F(z) = \dfrac{z^2 + 2z + 1}{z^3 - 2z^2 - z - 3} = \dfrac{z^{-1} + 2z^{-2} + z^{-3}}{1 - 2z^{-1} - z^{-2} - z^{-3}}$。

MATLAB 源程序如下：

```
b=[0 1 2 1];
a=[1 -2 -1 -1];
```

```
[z,p,k] = tf2zp(b,a);
disp('零点');disp(z);
disp('极点');disp(p);
disp('增益');disp(k);
zplane(b,a)
```

运行结果如图 1.11.5 所示。

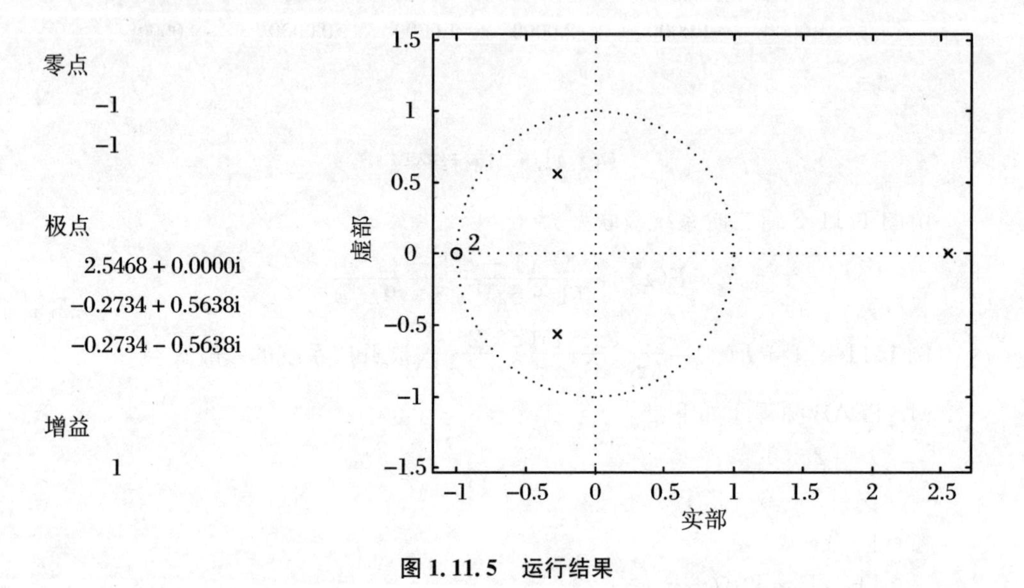

图 1.11.5　运行结果

由图 1.11.5 可知，在单位圆外也存在极点，所以该因果系统是不稳定的。

【实验内容】

1. 已知某一因果离散的 LTI 系统的函数如下：

$$H(z) = \frac{8z^{-1} + 11z^{-2} - 2z^{-3}}{1 - 1.25z^{-1} + 0.75z^{-2} - 0.125z^{-3}}$$

(1) 画出该系统的零极点分布，并判断系统的稳定性。

(2) 求出其级联型系统函数、并联型系统函数。

2. 已知某一因果离散的 LTI 系统的函数如下：

$$H(z) = \frac{8z^3 + 10z^2 + 3z + 5}{3z^3 - 5z^2 + 7z - 6}$$

画出该系统的零极点分布，并判断系统的稳定性。

3. 已知某一离散系统函数如图 1.11.6 所示。求出其直接型系统函数、级联型系统函数。

4. 已知某一因果离散系统如图 1.11.7 所示。求出其直接型系统函数，画出系统的零极点分布，并判断系统的稳定性。

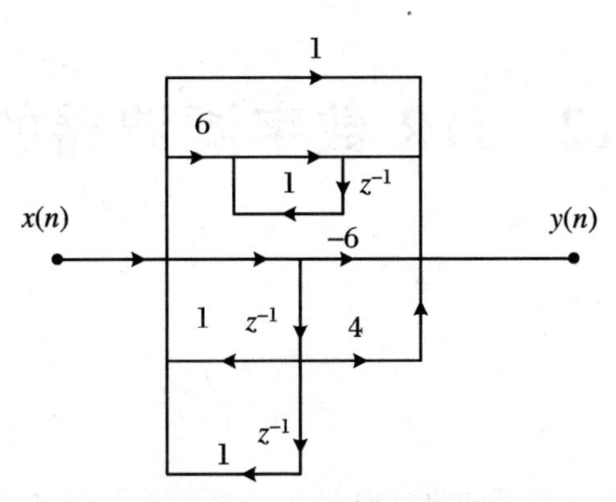

图 1.11.6　系统函数框图

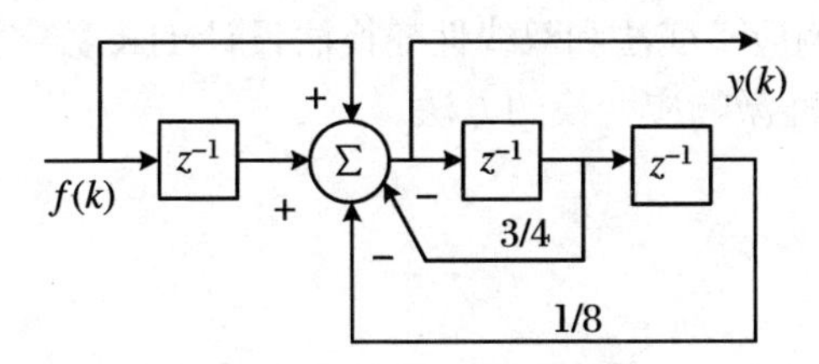

图 1.11.7　离散系统框图

实验 12　IIR 数字滤波器的设计

【实验目的】

1. 掌握 IIR 数字滤波器的设计原理、设计方法和设计步骤。
2. 能根据给定的滤波器指标进行滤波器设计。
3. 加深对冲激响应不变法和双线性变换法设计 IIR 数字滤波器的了解，掌握 MATLAB 函数实现冲激响应变换的方法。

【实验原理】

设计 IIR 滤波器时，首先根据模拟滤波器的指标设计出相应的模拟滤波器 $H_a(s)$，然后将设计好的模拟滤波器 $H_a(s)$ 转换成满足给定技术指标的数字滤波器 $H(z)$。典型的模拟滤波器有巴特沃斯（Butterworth）滤波器、切比雪夫（Chebyshev）滤波器。IIR 滤波器设计流程图设计流程如图 1.12.1 所示。

在 MATLAB 的数字信号处理工具箱中提供了相应的设计函数。

1. Butterworth 模拟/数字滤波器设计

调用格式 1：[N, Wn] = buttord(Wp, Ws, Rp, Rs, 's')

输入参数：Wp 通带截止频率，Ws 阻带截止频率，Rp 通带最大衰减，Rs 阻带最小衰减；

输出参数：N 符合要求的滤波器最小阶数，Wn 为 Butterworth 滤波器固有频率(3 dB)。

调用格式 2：[b, a] = butter(N, Wn, 'ftype', 's')

调用格式 3：[b, a] = butter(N, Wn, 'ftype')

说明：N 和 Wn 分别为滤波器的阶数和 3 dB 截止频率。

利用此函数可以获得滤波器系统函数的分子多项式(b)和分母多项式(a)的系数。

选项中加入's'用于设计各种模拟 Butterworth 滤波器；

不加设计各种数字 Butterworth 滤波器；

Ftype 为缺省，设计低通滤波器；

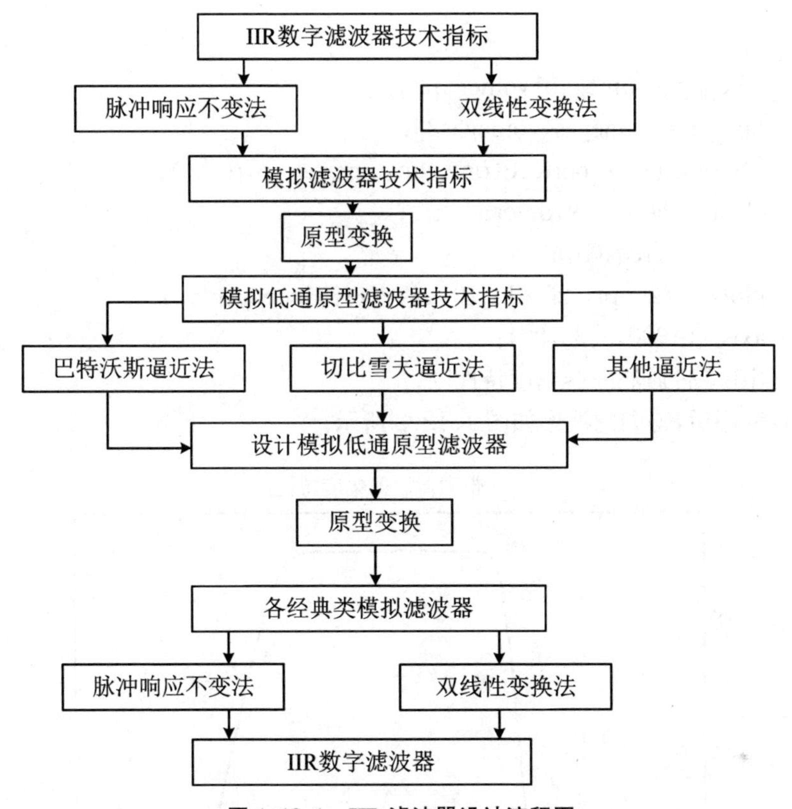

图 1.12.1　IIR 滤波器设计流程图

Ftype = hign，设计高通滤波器；

Ftype = stop，设计带阻滤波器。

调用格式 4：[z,p,k] = buttap(N)

设计一个 N 阶的归一化的巴特沃斯原型低通模拟滤波器，返回滤波器的零点、极点和增益，此时 z 为空。

例 1.12.1　设计一个模拟带通滤波器，并画出其幅度响应，要求其通带上、下截止频率分别为 400 Hz、200 Hz，上、下阻带频率分别为 500 Hz、100 Hz，通带内最大衰减为 1 dB，阻带内最小衰减为 30 dB。

MATLAB 源程序如下：

```
clc;
close all;
clear all;
omegap1 = 2 * pi * 200;
omegap2 = 2 * pi * 400;
omegas1 = 2 * pi * 100;
omegas2 = 2 * pi * 500;
```

```
rp=1;
rs=30;
omegap=[omegap1,omegap2];
omegas=[omegas1,omegas2];
[N,omegac]=buttord(omegap,omegas,rp,rs,'s');
[b,a]=butter(N,omegac,'s');
[h,w]=freqs(b,a)
plot(w/(2*pi),20*log10(abs(h)),'linewidth',2)
axis([0,600,-35,3]);
title('带通滤波器幅度特性')
```

运行程序后,得到的波形如图 1.12.2 所示。

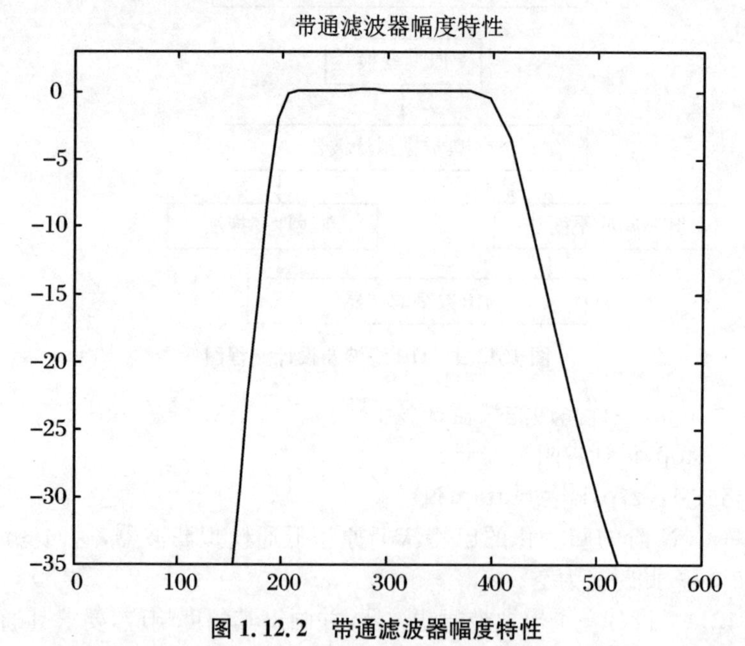

图 1.12.2 带通滤波器幅度特性

2. 模拟域的频率变换法

(1) lp2lp 低通到低通模拟滤波器变换

调用格式:[bt,at]= lp2lp(b,a,w0),将系统函数表示的截止频率为 1 rad/s 的模拟低通滤波器原型变换为截止频率为 w0 的低通滤波器。

(2) lp2hp 低通到高通模拟滤波器变换

调用格式:[bt,at]= lp2hp(b,a,w0),将系统函数表示的截止频率为 1 rad/s 的模拟低通滤波器原型变换为截止频率为 w0 的高通滤波器。

(3) lp2bp 低通到带通模拟滤波器变换

调用格式:[bt,at]= lp2bp(b,a,w0,bw),将系统函数表示的截止频率为

1 rad/s 的模拟低通滤波器原型变换为中心频率为 w0、带宽为 bw 的带通滤波器。

如果被设计的滤波器低端截止频率为 w1,高端截止频率为 w2,则

w0 = sqrt(w1 * w2), bw = w2 - w1

(4) lp2bs 低通到带阻模拟滤波器变换

调用格式:[bt,at] = lp2bs(b,a,w0,bw),将系统函数表示的截止频率为 1 rad/s 的模拟低通滤波器原型变换为中心频率为 w0、带宽为 bw 的带阻滤波器。

如果被设计的滤波器低端截止频率为 w1,高端截止频率为 w2,则

w0 = sqrt(w1 * w2), bw = w2 - w1

3. 脉冲响应不变法和双线性变换法

(1) 冲激响应不变法

MATLAB 提供的 impinvar(b, a, Fs)函数可实现脉冲响应不变法的转换过程,其调用形式为

[bd, ad] = impinvar(b, a, Fs)

式中,b 和 a 分别表示模拟滤波器系统函数 $H(s)$的分子多项式系数和分母多项式系数,Fs 是脉冲响应不变法中的抽样频率,单位是 Hz。

输出变量 bd 和 ad 分别表示数字滤波器的系统函数 $H(z)$的分子多项式系数和分母多项式系数.

例 1.12.2 设计一个中心频率为 500 Hz,带宽为 600 Hz 的数字带通滤波器,采样频率为 1000 Hz。

MATLAB 源程序如下:

```
[z,p,k] = buttap(3);
[b,a] = zp2tf(z,p,k);
[bt,at] = lp2bp(b,a,500 * 2 * pi,600 * 2 * pi);
[bz,az] = impinvar(bt,at,1000);   %将模拟滤波器变换成数字滤波器
freqz(bz,az,512,'whole',1000)
```

运行程序后,得到的波形如图 1.12.3 所示。

(2) 双线性变换法

MATLAB 提供的 bilinear 函数可实现双线性变换法的转换过程,其调用形式为

[bd,ad]= bilinear (b,a,Fs) %将模拟域系统函数转换为数字域的系统函数

其中,b,a 和 Fs 的定义同 impinvar 函数。

例 1.12.3 设计一个截止频率为 300 Hz 的数字高通滤波器,采用频率为 2000 Hz。

MATLAB 源程序如下:

```
[z,p,k] = buttap(3);
[b,a] = zp2tf(z,p,k);
```

```
[bt,at] = lp2hp(b,a,300 * 2 * pi);
[bz,az] = bilinear(bt,at,2000);
h = freqz(bz,az,512,1000)
plot(abs(h))
axis([0 500 0 1.1])
title('高通滤波器幅度特性')
```

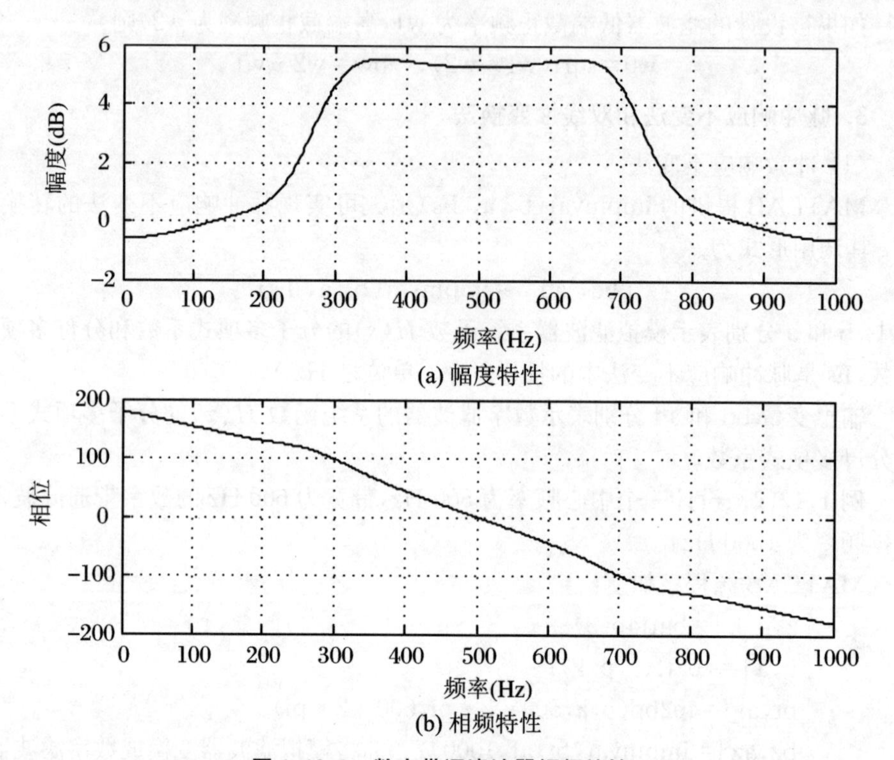

(a) 幅度特性

(b) 相频特性

图 1.12.3 数字带通滤波器幅频特性

运行程序后,得到的波形如图 1.12.4 所示。

4. 滤波器设计工具箱

在 MATLAB 命令行中输入 fdatool 或者 filterDesigner 打开滤波器设计工具箱,如图 1.12.5 所示。

为了便于分析,设计一个简单的 Butterworth 10 阶高通滤波器。

ResponseType 用于选择低通、高通、带通、带阻等类型,这里选择低通滤波 “Lowpass”。

图 1.12.5 中 Design Method 用于选择 IIR 滤波器还是 FIR 滤波器,这里选择 IIR Butterworth 滤波器类型。

Fiter Order 选择滤波器阶数,这里选择一个 10 阶滤波。

Frequency Specifications 用于设置采样频率以及截止频率,这里填入 1000 以及 300，即采样率为 1000 Hz，300 Hz 以上的信号能通过。

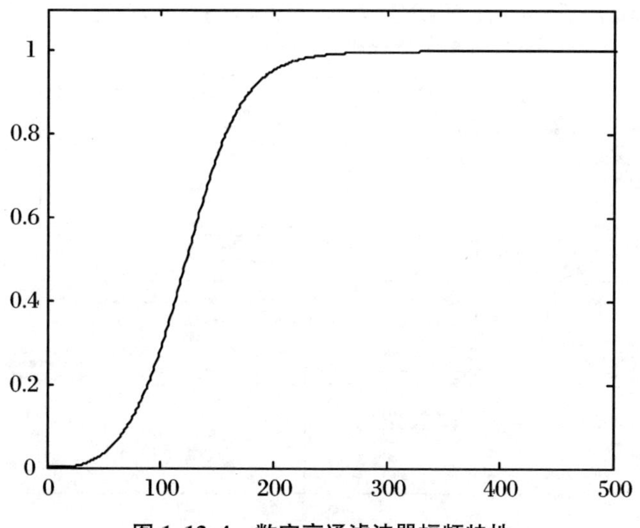

图 1.12.4　数字高通滤波器幅频特性

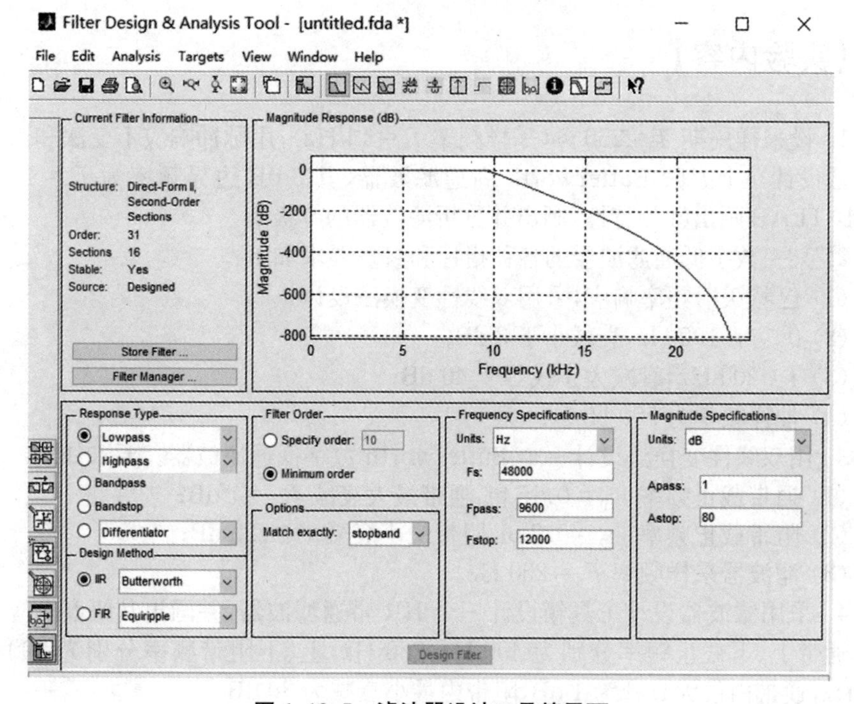

图 1.12.5　滤波器设计工具箱界面

参数设置好后点击 Design filter 按钮，将按要求设计滤波器。设计结果如图 1.12.6 所示。

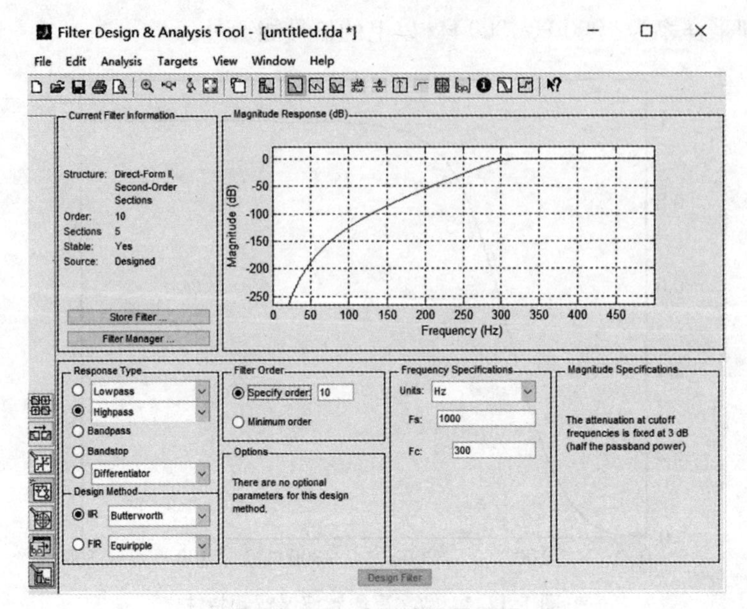

图 1.12.6　高通滤波器设计

【实验内容】

1. 设采样周期 $T=250\ \mu s$(采样频率 $f_s=4$ kHz),用脉冲响应不变法和双线性变换法设计一个五阶 Butterworth 高通滤波器,其 3 dB 边界频率为 $f_c=1$ kHz。用 MATLAB 画出幅频特性,画出并分析滤波器的零极点。

2. 某一数字低通滤波器的各种指标和参量要求如下:

(1) 巴特沃斯频率响应,采用双线性变换法设计;

(2) $0\leqslant f\leqslant 100$ Hz,衰减小于 3 dB;

(3) $f\geqslant 200$ Hz,衰减大于或等于 40 dB;

(4) 抽样频率为 500 Hz。

3. 用双线性变换法设计一个 Butterworth 数字低通滤波器。要求如下:

(1) 通带截止频率 $w_p=0.15$ pi,通带最大衰减 $R_p=1$ dB;

(2) 阻带截止频率 $w_p=0.3$ pi,阻带最小衰减 $A_s=25$ dB;

(3) 滤波器采样频率 $F_s=200$ Hz。

4. 采用滤波器设计工具箱设计一个 IIR 带通滤波器,并画出其幅度响应。要求其通带上、下截止频率分别为 400 Hz、200 Hz,上、下阻带频率分别为 500 Hz、100 Hz,通带内最大衰减为 1 dB,阻带内最小衰减为 30 dB。

【思考题】

双线性变换法和冲激响应不变法相比较,有哪些优点和缺点?为什么?

实验 13　FIR 数字滤波器的设计

【实验目的】

1. 进一步理解 FIR 滤波器的线性相位特性,熟悉 FIR 滤波器的幅频特性、相频特性和零点分布情况。

2. 掌握用窗函数法设计 FIR 数字滤波器的原理及方法,了解各种窗函数对滤波器性能的影响。

【实验原理】

在 MATLAB 的数字信号处理工具箱中提供了函数 fir1。

fir1 是采用经典窗函数法设计线性相位 FIR 数字滤波器,且具有标准低通、带通、高通和带阻等类型。

语法格式:

B = fir1(n,Wn,'ftype')

B = fir1(n,Wn,'ftype',window)

其中,n 为 FIR 滤波器的阶数,对于高通、带阻滤波器 n 取偶数。

Wn 是截止频率,其取值在 0～1 之间,对于带通、带阻滤波器,Wn = [W1,W2],且 W1<W2。

'ftype'为滤波器类型,缺省时为低通或带通滤波器,为'high'时是高通滤波器,为'stop'为带阻滤波器。

window 为窗函数,列向量,其长度为 $n+1$,缺省时,自动取 hamming 窗。输出参数 B 为 FIR 滤波器系数向量 $h(n)$,即单位响应,长度为 $n+1$。

特别强调:

FIR 滤波器的系统函数可表示为

$$H(z) = \sum_{n=0}^{N-1} h(n) z^{-n} \tag{1.13.1}$$

$h(n)$的长度与滤波器阶数间的关系:$h(n)$的长度为 N,而滤波器的阶数为 $N-1$ 阶。

MATLAB 中提供了用于窗函数法设计 FIR 数字滤波器的函数，其调用格式如下：

(1) 矩形窗 w = boxcar(N)：产生一长度为 N 的矩形窗；

(2) 三角窗 w = triang(N)：产生一长度为 N 的三角窗；

(3) 巴特利特窗 w = bartlett(N)：产生一长度为 N 的巴特利特窗；

巴特利特窗与三角窗很相似，但巴特利特窗在第 1 和第 N 各采样点数上都是 0，而三角窗不是。当 N 为奇数时，triang(N - 2)等于 bartlett(N)。

(4) 汉宁窗(升余弦窗)w = hanning (N)；

(5) 海明窗(改进的升余弦窗)w = hamming (N)；

(6) 布莱克曼窗 w = blackman(N)；

(7) 凯泽窗 w = kaiser(N)。

例 1.13.1 分别用矩形窗和汉宁窗设计 FIR 低通滤波器，设窗宽 $N = 15$，截止频率 $W_c = 0.2\pi$，要求绘出两种窗函数设计的滤波器幅频曲线。

MATLAB 源程序如下：

```
N = 15;
h1 = fir1(N - 1,0.2,boxcar(N));
h2 = fir1(N - 1,0.2, hanning(N));
w = 0:0.01:pi;
H1 = freqz(h1,1,w);
H2 = freqz(h2,1,w);
H1db = 20 * log10(abs(H1)/max(abs(H1)));
H2db = 20 * log10(abs(H2) /max(abs(H1)));
plot(w/pi,H1db,'b.',w/pi,H2db,'r+')
xlabel('w/pi');ylabel('dB');
legend('矩形窗','哈明窗');
```

运行程序后，得到的波形如图 1.13.1 所示。

例 1.13.2 用窗函数法设计一个线性相位 FIR 高通滤波器，性能指标：通带截止频率 $W_p = 0.1\pi$，阻带截止频率 $W_s = 0.2\pi$。要求采用凯泽窗。

MATLAB 源程序如下：

```
wp = 0.1 * pi;
ws = 0.2 * pi;
wdelta = ws - wp;
N = ceil(8 * pi/wdelta);
Wn = (0.1 + 0.2) * pi/2;
b = fir1(N,Wn/pi,'high',kaiser(N + 1));
freqz(b,1,512)
```

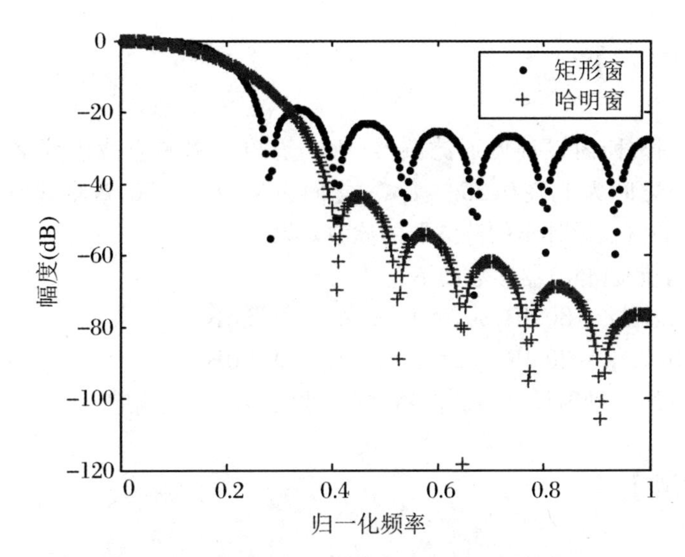

图 1.13.1　FIR 低通滤波器(矩形窗和汉宁窗)

运行程序后,得到的波形如图 1.13.2 所示。

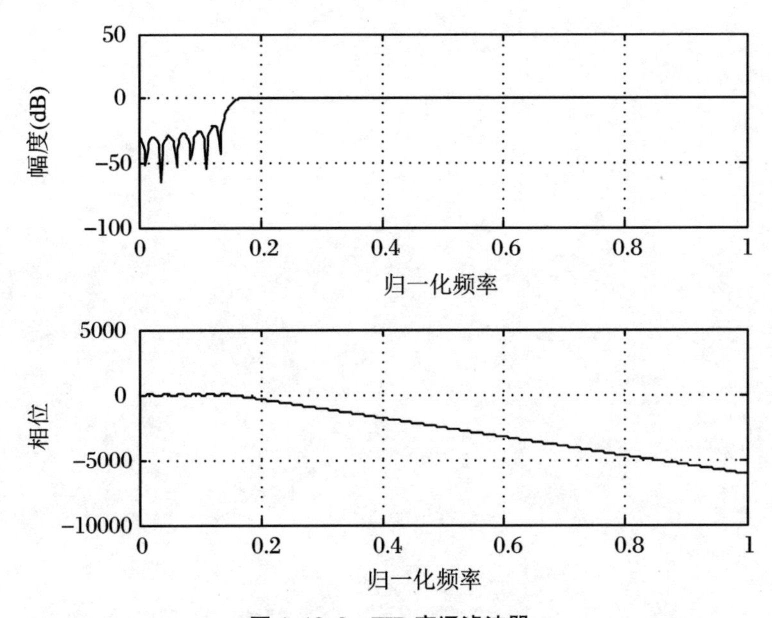

图 1.13.2　FIR 高通滤波器

常用的窗函数主要用于数字 FIR 滤波器的设计中,可根据实际情况选择合适的窗函数。

【实验内容】

1. 分别用两种窗设计低通滤波器，所希望的频率响应截止频率 $H_d(e^{j\omega})$ 在 $0\leqslant\omega\leqslant0.25\pi$ 之间为1，在 $0.25\pi\leqslant\omega\leqslant\pi$ 之间为0，取 $N=50$，观察其频谱响应的特点，讨论不同的窗长设计出的滤波器的滤波效果。

2. 某数字带通滤波器参数如下：

$\omega_{1s}=0.2\pi, A_{1s}=30\ \text{dB}; \omega_{1p}=0.4\pi, A_{1p}=0.5\ \text{dB}$;

$\omega_{2s}=0.8\pi, A_{2s}=30\ \text{dB}; \omega_{2p}=0.6\pi, A_{2p}=0.5\ \text{dB}$;

请分别选用三种窗设计该滤波器，画出滤波器的幅频响应。

【思考题】

如果没有给定 $h(n)$ 的长度 N，而是给定了通带边缘截止频率 ω_c 和阻带临界频率 ω_r，以及相应的衰减，能根据这些条件用窗函数法设计线性相位 FIR 低通滤波器吗？

实验 14　语音信号的采样和频谱分析

【实验目的】

1. 根据已经学习过的数字信号处理及 MATLAB 的有关知识，借助计算机提供的硬件和 Windows 操作系统，进行信号分析和处理。

2. 掌握在 Windows 环境下语音信号采集的方法。

3. 通过实验了解计算机存储信息的方式及语音信号的特点，进一步加深对采样定理的理解。

【实验原理】

声音信号的识别与处理是当今多媒体技术中一项非常重要的内容，其技术可以应用于多个领域。

1. 语音信号的录制、读取、播放

步骤 1：利用 Windows 的附件中“录音机工具”，录制声音。由于 Windows 的录音机录制的声音文件已经是数字文件，故不需要转换。如果是使用模拟录音机录制的声音，则需要将模拟声音信号转换成数字声音信号。

步骤 2：读取、播放声音，并画出声音的时域波形图。

```
[y,fs,bits] = wavread('luyin.wav');        %读取声音
sound(y,fs,bits);(或 wavplay(y,fs));       %播放声音
X = length(y);                             %读取声音的时间长度
T = 3;
k1 = T/(X - 1);
k2 = 0:X - 1;
k = 0:k1:T;
plot(k,y);
```

2. 语音信号的滤波

在 MATLAB 中，FIR 滤波器可以利用函数 fir1 进行设计。

IIR 滤波器可利用函数 butter、cheby1、cheby2 和 ellip 进行设计，也可采用脉

冲响应不变法或双线性变换法进行设计。

利用 MATLAB 中的函数 freqz 画出各滤波器的幅频响应。

在 MATLAB 中,FIR 滤波器利用函数 fftfilt 对信号进行滤波,IIR 滤波器利用函数 filter 对信号进行滤波。

【实验内容】

1. 录制一段语音信号,并读取和播放。

2. 采用 MATLAB 对语音信号的时域波形和频谱进行观察和分析。

并在语音信号中加入一段高频噪声,对加入噪声后的信号的时域波形和频谱进行观察。

3. 根据语音信号的特点给出有关滤波器的性能指标:

(1) 低通滤波器性能指标,$f_p = 500$ Hz,$f_s = 700$ Hz,$A_s = 40$ dB,$A_p = 1$ dB;

(2) 高通滤波器性能指标(根据所加噪声频率定义);

(3) 带通滤波器性能指标(根据所加噪声频率定义)。

设计上面要求的三种滤波器,要求采用 IIR 滤波器或 FIR 滤波器。

4. 用滤波器对信号进行滤波。

5. 比较滤波前后语音信号的波形及频谱。

6. 回放语音信号,感觉滤波前后声音的变化。

【涉及的 MATLAB 函数】

1. y = wavread(file):读取 file 所规定的 wav 文件,返回采样值放在向量 y 中。

[y,fs,nbits] = wavread(file):采样值放在向量 y 中,fs 表示采样频率(Hz),nbits 表示采样位数。

y = wavread(file,N):读取前 N 点的采样值放在向量 y 中。

y = wavread(file,[N1,N2]):读取从 N1 点到 N2 点的采样值放在向量 y 中。

2. sound(x,fs,bits):将 x 的数据通过声卡转化为声音。

3. fft():对信号进行谱分析。

4. fir1():窗函数法设计 FIR 数字滤波器。

5. buttord():设计巴特沃斯型的 IIR 数字滤波器。

6. filter():IIR 数字滤波器实现滤波。

7. fftfilt():FIR 数字滤波器实现滤波。

实验 15 信号的调制与解调

【实验目的】

1. 掌握用 MATLAB 实现信号调制与解调的方法。
2. 加深对滤波器滤波特性的理解。

【实验原理】

由于从消息变换过来的原始信号具有频率较低的频谱分量，这种信号在许多信道中不适宜传输。因此，在通信系统的发送端通常需要有调制过程，而在接收端则需要有反调制过程——解调过程。

所谓调制，就是按调制信号的变化规律去改变某些参数的过程。调制的载波可以分为两类：用正弦信号作载波；用脉冲串或一组数字信号作为载波。最常用和最重要的模拟调制方式是用正弦波作为载波的幅度调制和角度调制。本实验中重点讨论幅度调制和解调。

1．双边带调幅 DSB 的调制

幅度调制是正弦型载波的幅度随调制信号变化的过程。设正弦载波为 $c(t)=A\cos(\omega_c t)$。那么，幅度调制信号(已调信号)一般可表示为

$$s(t) = Am(t)\cos(\omega_c t) \tag{1.15.1}$$

式中，$m(t)$为基带调制信号。

调制信号的傅里叶变换为

$$S(j\omega) = \frac{A}{2}M[j(\omega - \omega_c)] + \frac{A}{2}M[j(\omega + \omega_c)] \tag{1.15.2}$$

式中，$M(j\omega)$为 $m(t)$的傅里叶变换，且设 $m(t)$为带限信号。

在 MATLAB 中，用函数 y = modulate(x,fc,fs,'s')来实现信号调制。其中 fc 为载波频率，fs 为抽样频率，'s'省略或为'am-dsb-sc'时为抑制载波的双边带调幅，'am-dsb-tc'为不抑制载波的双边带调幅，'am-ssb'为单边带调幅，'pm'为调相，'fm'为调频。

2. 双边带调幅 DSB 的解调

DSB 信号的解调需要一个和发送端同频同相的载波信号，系统框图如图 1.15.1 所示。

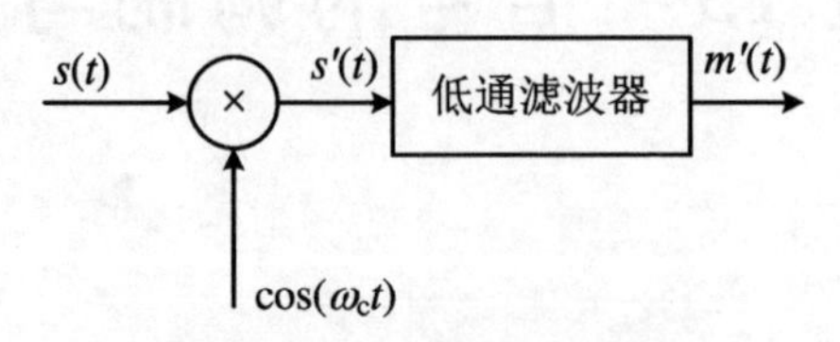

图 1.15.1 DSB 信号的解调

经过乘法器后的信号表达式为

$$s'(t) = s(t)\cos(\omega_c t) = \frac{A}{2}m(t) + \frac{A}{2}m(t)\cos(2\omega_c t) \tag{1.15.3}$$

经过低通滤波器后的信号表达式为

$$m'(t) = \frac{A}{2}m(t) \tag{1.15.4}$$

【实验内容】

1. 调制信号为一取样信号，载波分别以 10 kHz 的和 100 kHz 的频率进行调制，比较信号调制前后的时域波形和频谱图，观察图形。

2. 对以上得到的各调制信号进行解调(采用 demod 函数)，观察与原调制信号的区别。

【实验涉及的 MATLAB 函数】

fft()：对信号进行谱分析。
ifft()：对信号进行傅里叶反变换。
fir1()：设计 FIR 数字滤波器。
buttord()：设计 IIR 数字滤波器。
filter()：IIR 数字滤波器实现滤波。
fftfilt()：FIR 数字滤波器实现滤波。

实验 16　Simulink 基础

【实验目的】

1. 熟悉 Simulink 的操作环境。
2. 掌握绘制系统模型的方法。

【实验原理】

1. Simulink 简介

(1) 启动 Simulink

在 MATLAB 的命令窗口输入 Simulink，或单击 MATLAB 主窗口工具栏上的“Simulink”命令按钮 即可启动 Simulink。

(2) 创建模型或打开模型

可以打开现存的 Simulink 模型或者是从 Simulink Library Browse 中创建一个新的模型。

创建一个新的模型：在 Simulink Library Browser 中选择 File＞New＞Model。

打开一个存在的模型：

(1) 在 Simulink Library Browser 中选择 File＞Open。出现了打开对话框。

(2) 选择你想要的模型，然后点击 Open。

2. Simulink 的基本模块

(1) 寻找模块

可以通过左边的 Library Browser 选择模块库名字或者是双击模块库来浏览模块库里的模块。

如果想得到模块的更多的信息，选择模块，然后选择 Help＞Help on the Selected Block 来显示这个模块的帮助页。

通过右击这个模块来浏览这个模块的参数，然后选择 Block Parameters。

模块搜索中通过输入这个模块的名字来寻找特别的模块，然后点击 Find

block 这个模块图标 。

(2) 标准的模块库

Simulink 软件提供16种标准的模块库。表1.16.1描述了每种模块库。

表1.16.1　模块库简介

Block Library	Description
Commonly Used Blocks	包含最通常使用的模块，例如 Constant、In1、Out1、Scope，和 Sum 模块。这个库里的模块也包含在其他库里
Continuous	包含具有模拟线性功能的模块
Discontinuities	包含具有模拟非线性功能的模块
Discrete	包含能代表离散功能的模块
Logic and Bit Operations	包含能执行逻辑和大型运算的模块
LookUp Tables	包含那些使用检查表格来确定他们的输出是否从输入得来的模块
Math Operations	包含那些具有数学和逻辑功能的模块
Model Verification	包含那些能使你创建自我验证模型的模块
Model-Wide Utilities	包含那些能提供模型信息的模块
Ports & Subsystems	包含那些能使你创建子系统的模块
Signal Attributes	包含那些能修改信号属性的模块
Signal Routing	包含那些能从模块表的一点发送信号到另一点的模块
Sinks	包含那些能展示和输出最后结果的模块
Sources	包含那些能产生或者是输入系统输入的模块
User-Defined Functions	包含那些能使你定义习惯功能的模块
Additional Math & Discrete	包含为数学和离散功能模块添加的两个库

Simulink 的基本模块包括9个子模块库。表1.16.2～表1.16.5列出了一些常用的模块及功能介绍。

表1.16.2　常用的输入信号源模块表(Source)

名称	模块形状	功　能　说　明
Constant	1	恒值常数，可设置数值
Step		阶跃信号

续表

名称	模块形状	功　能　说　明
Ramp		线性增加或减小的信号
Sine Wave		正弦波输出
Signal Generator		信号发生器，可以产生正弦、方波、锯齿波和随机波信号
From File	untitled.mat	从文件获取数据
From Workspace	simin	从当前工作空间定义的矩阵读数据
Clock		仿真时钟，输出每个仿真步点的时间
In	1	输入模块

表 1.16.3　常用的接收模块表(Sink)

名称	模块形状	功　能　说　明
Scope		示波器，显示实时信号
Display		实时数值显示
XY Graph		显示 X-Y 两个信号的关系图
To File	untitled.mat	把数据保存为文件
To Workspace	simout	把数据写成矩阵输出到工作空间
Stop Simulation	STOP	输入不为零时终止仿真，常与关系模块配合使用
Out	1	输出模块

表 1.16.4 常用的连续系统模块表(Continuous)

名称	模块形状	功能说明
Integrator	$\frac{1}{s}$	积分环节
Derivative	du/dt	微分环节
State-Space	x'=Ax+Bu y=Cx+Du	状态方程模型
Transfer Fcn	$\frac{1}{s+1}$	传递函数模型
Zero-Pole	$\frac{(s-1)}{s(s+1)}$	零—极点增益模型
Transport Delay		把输入信号按给定的时间做延时

表 1.16.5 常用的离散系统模块表(Discrete)

名称	模块形状	功能说明
Discrete Transfer Fcn	$\frac{1}{z+0.5}$	离散传递函数模型
Discrete Zero-Pole	$\frac{(z-1)}{z(z-0.5)}$	离散零极点增益模型
Discrete State-Space	Discrete State-Space	离散状态方程模型
Discrete Filter	$\frac{1}{1+0.5z^{-1}}$	离散滤波器
Zero-Order Hold		零阶保持器

续表

名称	模块形状	功　能　说　明
First-Order Hold		一阶保持器
Unit Delay	$\frac{1}{z}$	采样保持，延迟一个周期

调制模块方向：

Format 菜单→Flip Block：旋转 180°。

Format 菜单→Rotate Block：顺时针旋转 90°。

调整模块颜色和效果：

Format 菜单→Foreground color：修改模块的前景颜色。

Format 菜单→Background color：修改模块的背景颜色。

Format 菜单→Screen color：修改模型的背景颜色。

Format 菜单→Show drop shadow：给模块添加阴影。

3. 建立 Simulink 模型

一个典型的 Simulink 模型包括以下 3 种元素：信号源(Source)、被模拟的系统模块、信号输出(Sink)。仿真步骤如下：

(1) 打开一个模型编辑窗口。

(2) 将所需模块添加到模型中。

(3) 用连线将各个模块连接起来组成系统仿真模型。

(4) 设置模块参数并连接各个模块组成仿真模型。模型建好后，将模型以模型文件的格式(扩展名为.mdl)存盘。

(5) 设置系统仿真参数。

(6) 保存模型，单击工具栏的 图标。

(7) 开始仿真，单击“untitled”模型窗口中“开始仿真”图标 ，或者选择菜单“Simulink”—“Start”，则仿真开始。

【实验内容】

1. 产生正弦波、方波信号，并通过示波器观察波形(参数自行定义：不能使用默认参数)。

2. 创建图 1.16.1～图 1.16.6 所示的模型，并观察输出波形(参数自行定义：不能使用默认参数)。

3. 利用 Simulink 仿真来实现摄氏温度到华氏温度的转化：$T_f=\frac{9}{5}T_c+32$（T_c 范围在 -10～100 ℃），参考模型如图 1.16.7 所示。

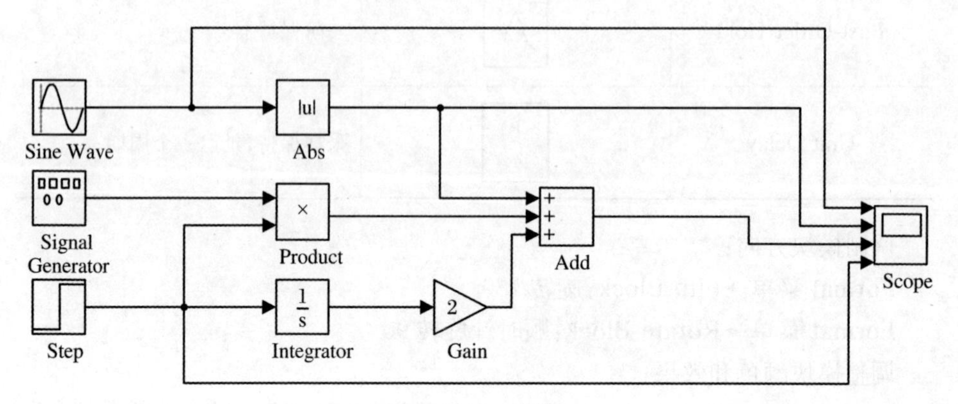

图 1.16.1　模型 1

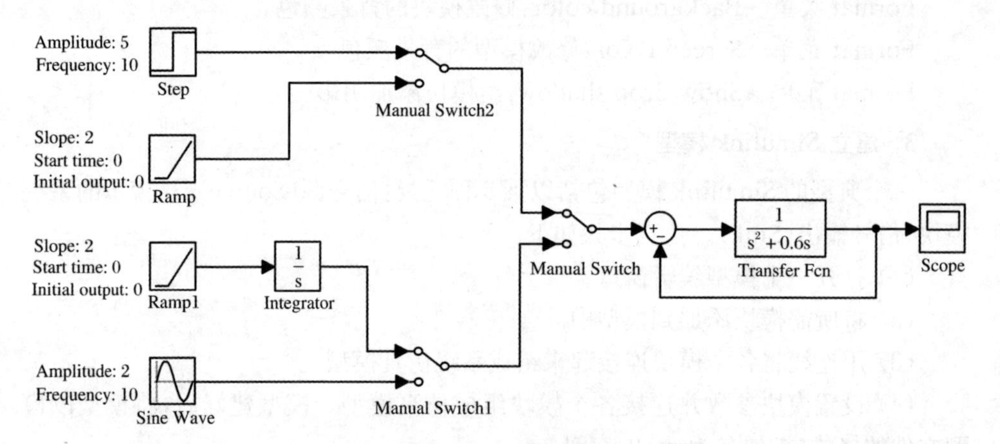

图 1.16.2　模型 2

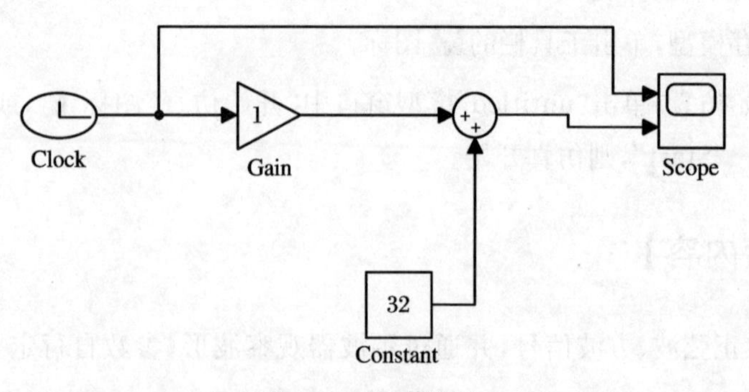

图 1.16.3　模型 3

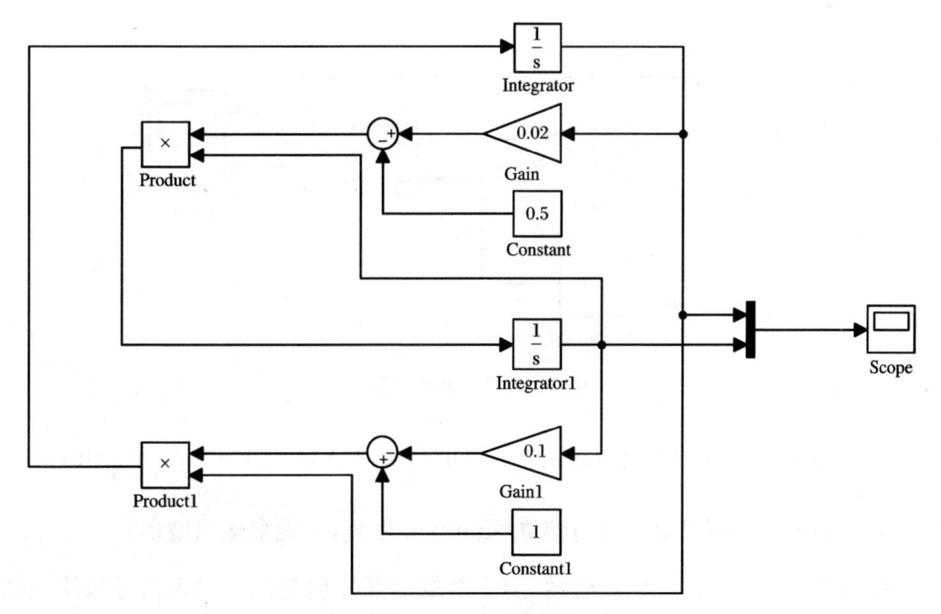

图 1.16.4　模型 4

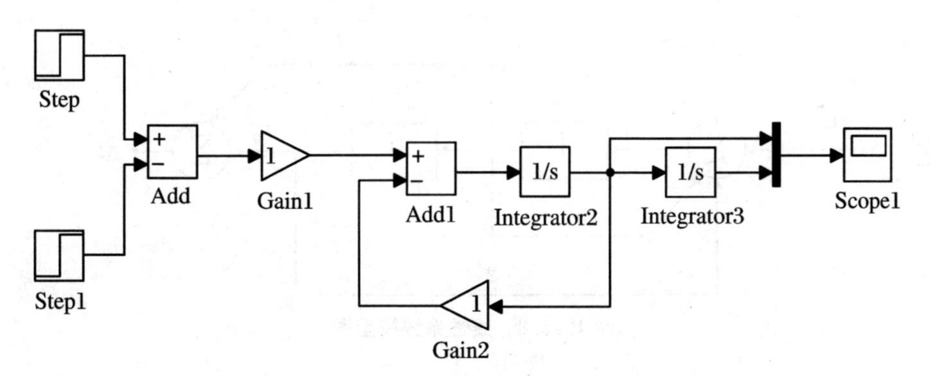

图 1.16.5　模型 5

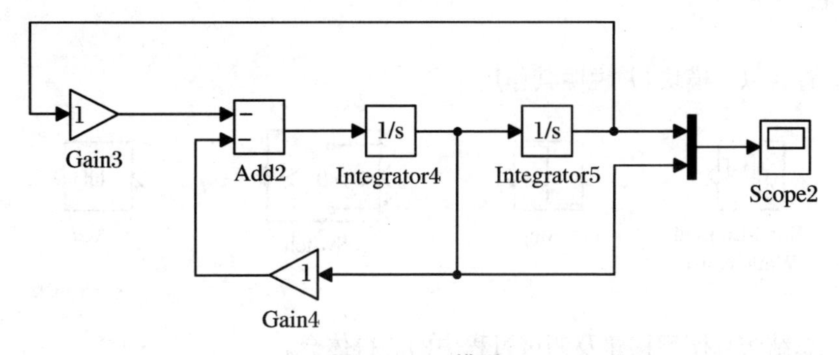

图 1.16.6　模型 6

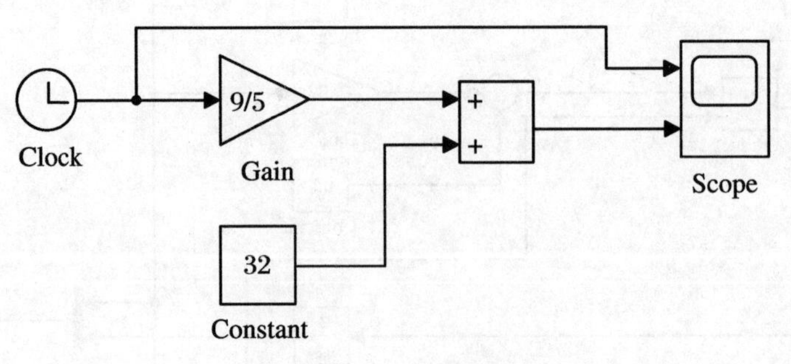

图 1.16.7　参考模型

3. 利用 Simulink 仿真下列曲线（ω 自取），输出 $X(t)=\sin(\omega t)+\frac{1}{3}\sin(2\omega t)+\frac{1}{5}\sin(5\omega t)+\frac{1}{7}\sin(7\omega t)$，自行建立 Simulink 模型，并观察输出波形。

4. 线性系统如图 1.16.8 所示，建立系统的 S 域模型图。输入信号采用正弦信号，观察输出信号的波形（b_0 和 b_1 自行定义）。

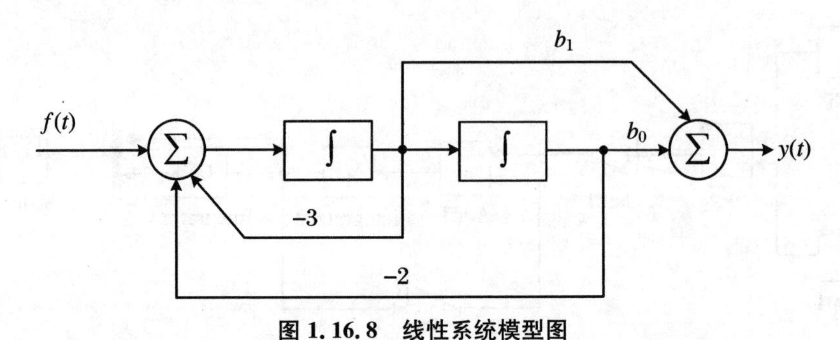

图 1.16.8　线性系统模型图

【思考题】

1. 查找以下模块，并说明其作用。

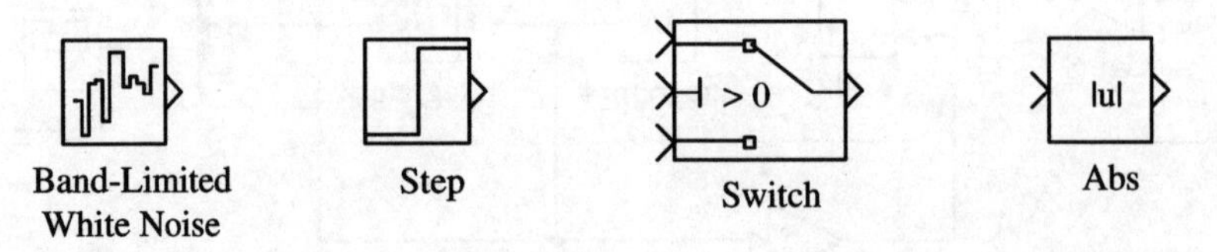

2. 总结仿真模型构建及调试过程中的心得体会。

实验17　AM调制解调系统仿真

【实验目的】

1. 掌握AM调制与解调的基本原理。
2. 通过MATLAB仿真，加深对AM调制与解调的理解。

【实验原理】

AM调制的基本原理是正弦载波的幅度随调制信号做线性变化的过程。其调制原理如图1.17.1所示。

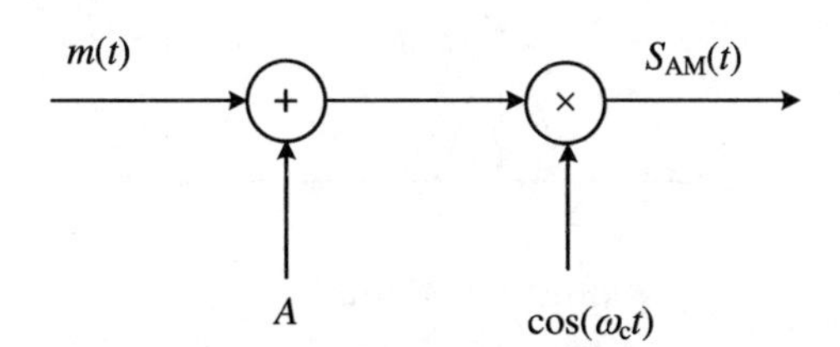

图1.17.1　AM调制原理图

图1.17.1中，$m(t)$是基带信号，A是直流信号，$\cos(\omega_c t)$是高频载波。

由图1.17.1得到AM信号的表达式为

$$S_{AM}(t) = [A + m(t)]\cos(\omega_c t) \tag{17.1}$$

设基带信号$m(t)$是正弦波，则AM信号的时域波形如图1.17.2所示。

$$S_{AM}(t) = A\cos\left[\omega_c t + K_f\int m(\tau)\mathrm{d}\tau\right]$$

由图1.17.2可知，在时域波形上，它的幅度（包络）随基带信号规律而变化。

设调制信号$m(t)$的频谱为$M(\omega)$，AM信号频谱如图1.17.3所示。

由图1.17.3可知，在频谱结构上，AM已调信号的频谱是基带信号频谱结构在频域内的简单搬移。

AM可以采用相干解调，也可以采用包络检波法。

相干解调：将已调信号乘以与发送端同频同相的载波后通过低通滤波器，就可以恢复出原来的调制信号。相干解调原理如图1.17.4所示。

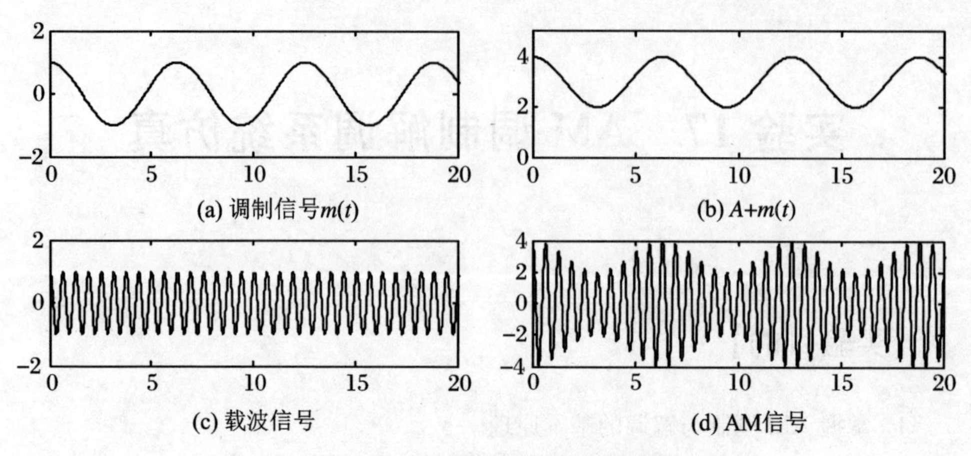

(a) 调制信号$m(t)$　　(b) $A+m(t)$

(c) 载波信号　　(d) AM信号

图 1.17.2　AM 信号的时域波形图

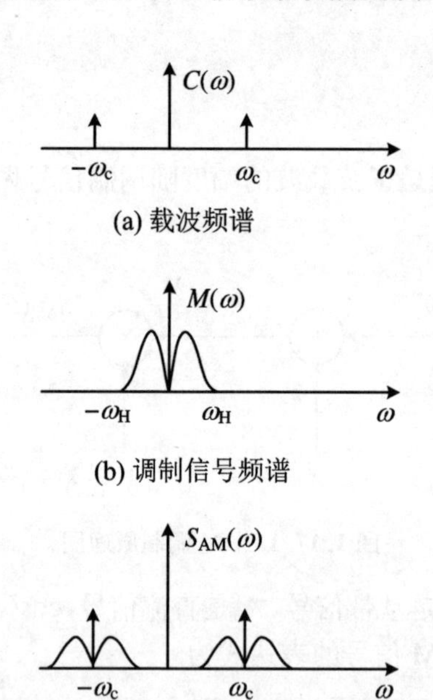

(a) 载波频谱

(b) 调制信号频谱

(c) 已调信号频谱

图 1.17.3　AM 信号的频谱图

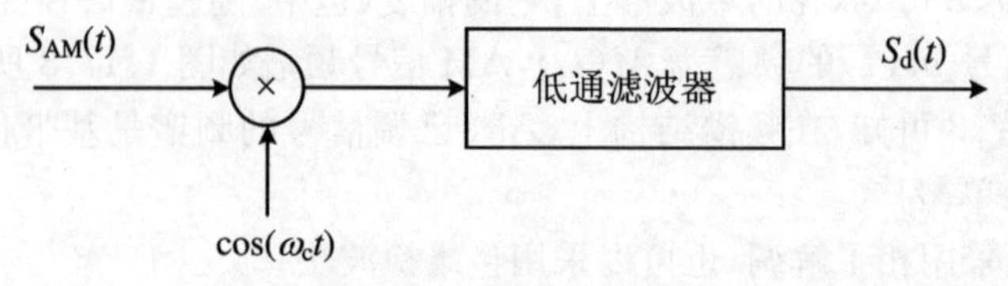

图 1.17.4　AM 相干解调

包络检波法：另外 AM 信号在满足 $|m(t)|_{max} \leqslant A$ 条件下，可采用包络检波法。包络检波器通常由整流器和低通滤波器组成。包络检波的原理如图 1.17.5 所示。

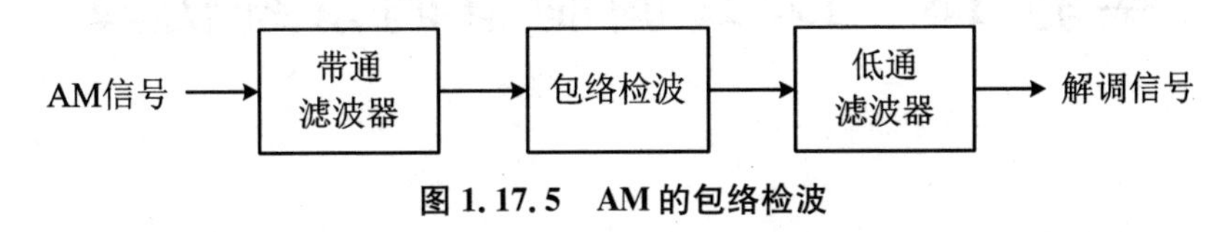

图 1.17.5　AM 的包络检波

【实验内容】

1. 结合图 1.17.6 所示的 AM 调制与相干解调仿真模型图，记录载波信号、基带信号、已调信号、加噪声的已调信号、解调信号的时域波形图，给各图加上标题，并说明各模块的主要参数。在图 1.17.6 中加上频谱分析模块，观察基带信号、已调信号、解调信号的频谱图。

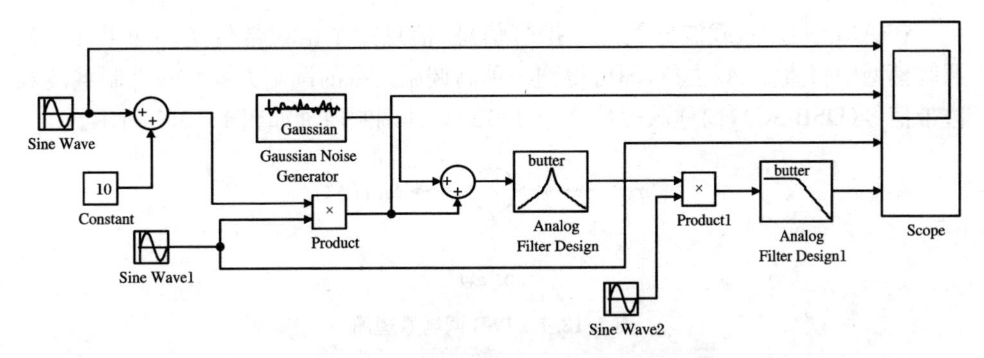

图 1.17.6　AM 调制与相干解调仿真模型图

2. AM 调制与非相干解调的仿真模型自行设计，记录载波信号、基带信号、已调信号、加噪声的已调信号、解调信号的时域波形图，给各图加上标题，并说明各模块的主要参数。

【思考题】

不断改变 Constant 模块幅度的大小，观察已调信号有什么变化？怎么才能保证已调信号不失真？

实验 18　DSB 调制解调系统仿真

【实验目的】

1. 掌握 DSB 调制和解调基本原理。
2. 通过 Simulink 仿真，加深对 DSB 调制和解调的理解。

【实验原理】

在 AM 信号中，载波分量并不携带信息，信息完全由边带传送。如果在 AM 调制模型中将直流 A_0 去掉，即可得到一种高调制效率的调制方式——抑制载波双边带信号(DSB-SC)，简称双边带信号(DSB)。其调制原理如图 1.18.1 所示。

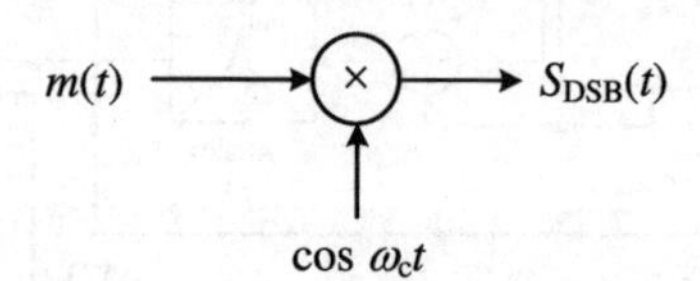

图 1.18.1　DSB 调制原理图

图 1.18.1 中，$m(t)$是基带信号，$\cos(\omega_c t)$是高频载波。由图 1.18.1 得到 DSB 信号的表达式为

$$S_{DSB}(t) = m(t)\cos(\omega_c t) \tag{1.18.1}$$

设基带信号 $m(t)$是正弦波，则 DSB 信号的时域波形如图 1.18.2 所示。

由图 1.18.2 可知，在时域波形上，DSB 已调信号的幅度(包络)不随基带信号的变化而变化。因此，DSB 不能采用包络检波，需要采用相干解调。

设调制信号 $m(t)$的频谱 $M(\omega)$，DSB 信号频谱如图 1.18.3 所示。

由图 1.18.3 可知，在频谱结构上，DSB 已调信号的频谱也是基带信号频谱结构在频域内的简单搬移。DSB 的相干解调原理如图 1.18.4 所示。

由图 1.18.4 可知，输入信号为 DSB 信号，$S_{DSB}(t) = m(t)\cos(\omega_c t)$，则 $S_p(t)$为

$$\begin{aligned} S_p(t) &= S_{DSB}(t)\cos(\omega_c t) = S_{DSB}(t)\cos^2(\omega_c t) \\ &= \frac{1}{2}m(t) + \frac{1}{2}m(t)\cos(2\omega_c t) \end{aligned} \tag{1.18.2}$$

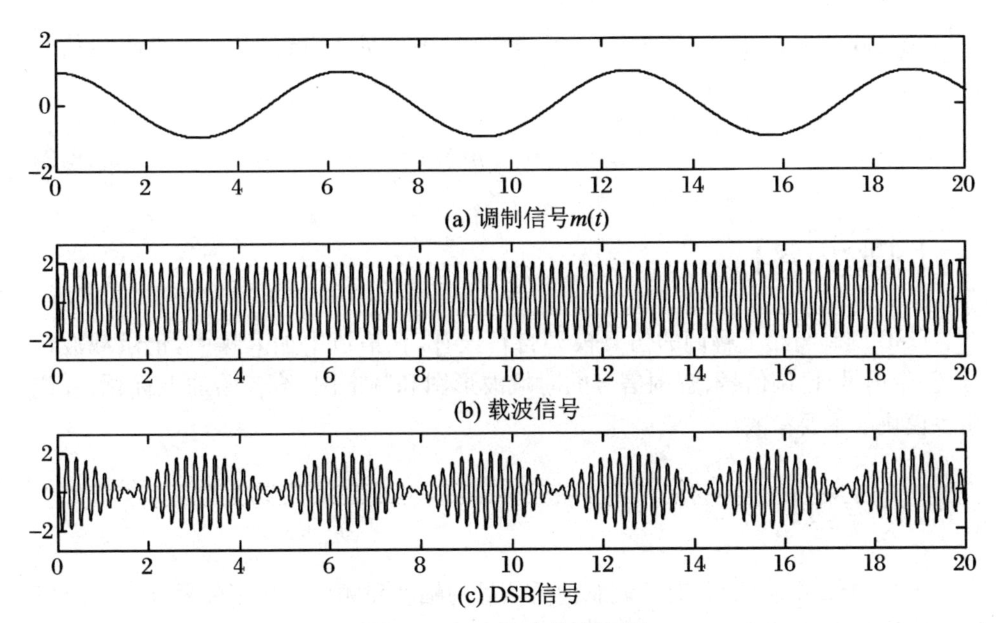

(a) 调制信号 $m(t)$

(b) 载波信号

(c) DSB 信号

图 1.18.2　DSB 调制原理图

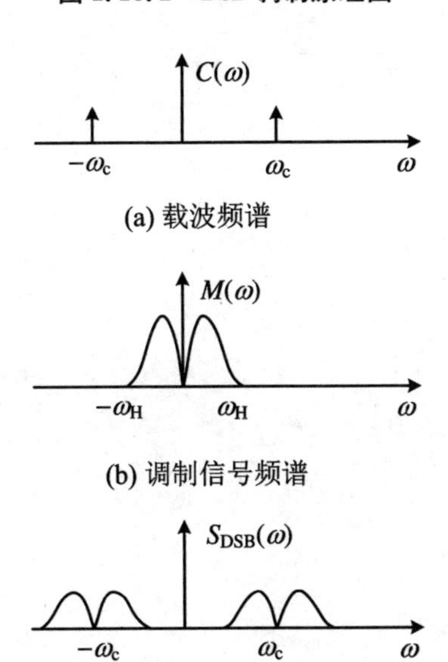

(a) 载波频谱

(b) 调制信号频谱

(c) 已调信号频谱

图 1.18.3　DSB 信号的频谱图

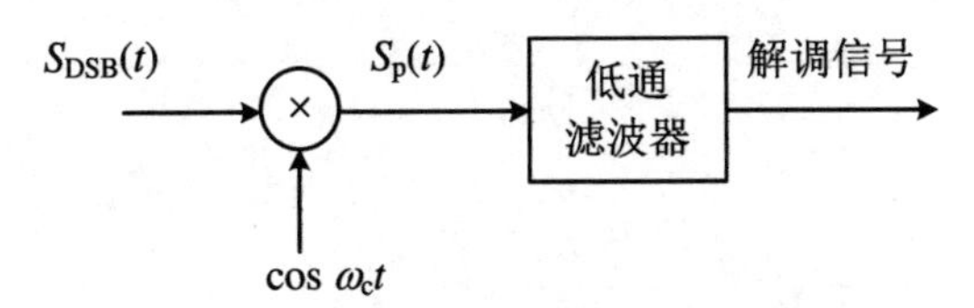

图 1.18.4　DSB 相干解调原理图

经过低通滤波器后，高频分量$\frac{1}{2}m(t)\cos(2\omega_c t)$被滤掉，得到低频信号$S_d(t)$为

$$S_d(t) = \frac{1}{2}m(t) \tag{18.3}$$

【实验内容】

DSB调制与相干解调的仿真模型自行设计，在信道中加入噪声，记录载波信号、基带信号、已调信号、解调信号的时域波形图和频谱图，给各图加上标题，并说明各模块的主要参数。

【思考题】

观察DSB调制仿真，对比调制前后信号的幅度和频率发生了哪些变化？可以用包络检波来解调吗？

实验 19　SSB 调制解调系统仿真

【实验目的】

1. 掌握 SSB 调制和解调基本原理。
2. 通过 Simulink 仿真，加深对 SSB 调制和解调的理解。

【实验原理】

单边带调制是幅度调制中的一种。单边带调制（SSB）信号是将双边带信号中的一个边带滤掉而形成的。产生 SSB 信号的方法有滤波法和相移法。

1. 滤波法

滤波法是通过滤除双边带信号的一个边带而得到的。滤除其上边带就是下边带（LSB）信号，滤除下边带就是上边带（USB）信号。单边带信号的频谱宽度仅为双边带频谱宽度的一半。滤波法原理图如图 1.19.1 所示。

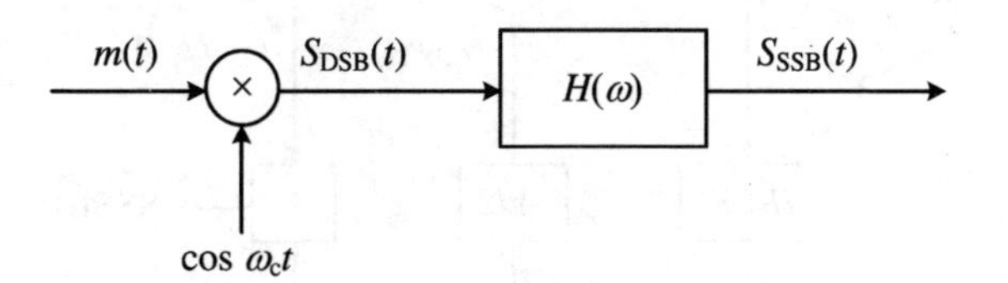

图 1.19.1　采用滤波法产生 SSB 信号

图 1.19.1 中的 $H(\omega)$ 是滤波器，其频谱图如图 1.19.2 所示。

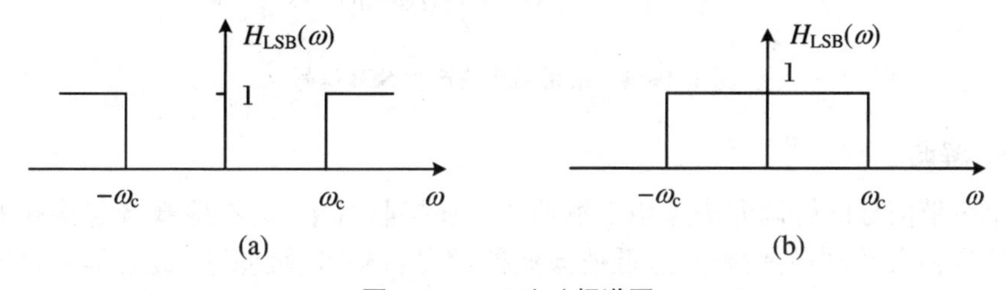

图 1.19.2　$H(\omega)$ 频谱图

通过图 1.19.2(a)后，取 DSB 信号的上边带；通过图 1.19.2(b)后，取 DSB 信号的下边带。

设调制信号的频谱为 $M(\omega)$，则 SSB 信号的频谱如图 1.19.3 所示。

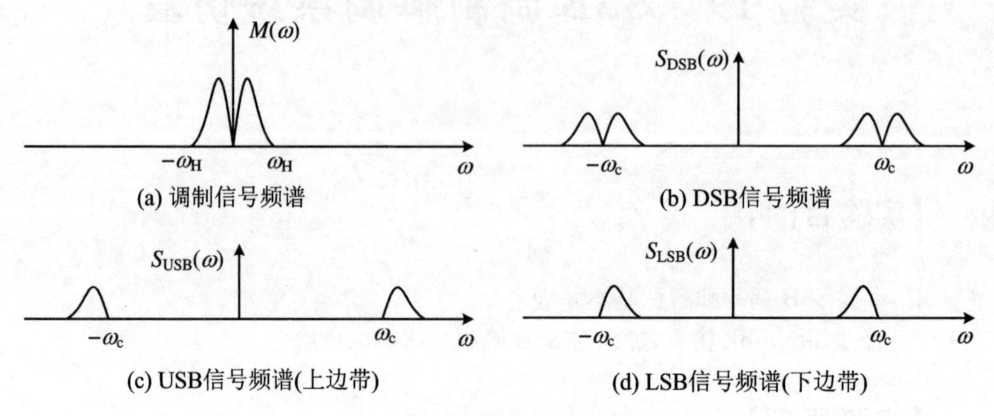

图 1.19.3　SSB 信号的频谱图

2．相移法

由于调制信号常具有丰富的低频成分，使得 DSB 信号的上、下边带之间的间隔很窄，这要求单边带滤波器在 f_c附近具有陡峭的截止特性，这就使滤波器的设计和制作很困难。SSB 除了滤波法，也可采用相移法，相移法原理如图 1.19.4 所示。

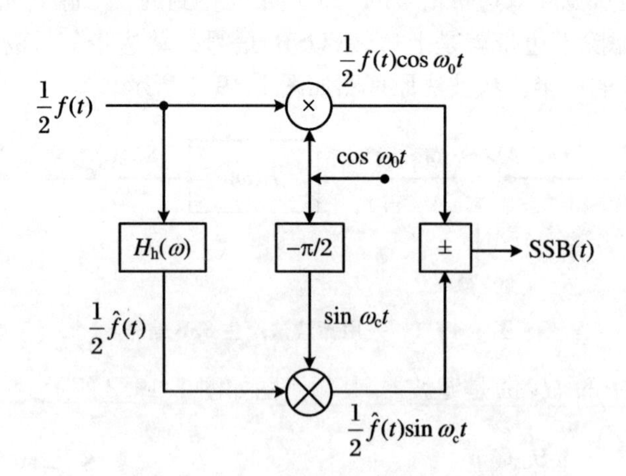

图 1.19.4　采用相移法产生 SSB 信号

3．解调

单边带信号的解调方法是相干解调法。在接收机中，用本地载波与接收的单边带信号相乘，输出的信号经过低通滤波器后，高频分量被滤除，最后得到解调输出的低频基带信号。

SSB 的相干解调原理如图 1.19.5 所示。

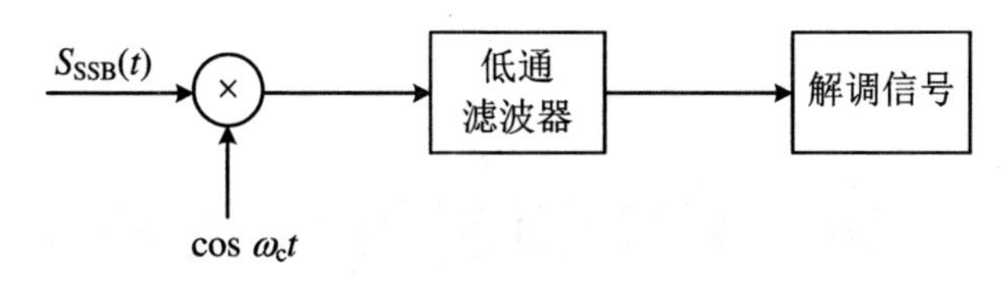

图 1.19.5　SSB 相干解调原理图

【实验内容】

SSB 调制与相干解调的仿真模型自行设计，在信道中加入噪声，记录载波信号、基带信号、已调信号、解调信号的时域波形图和频谱图，给各图加上标题，并说明各模块的主要参数。

【思考题】

观察 SSB 调制仿真，对比调制前后信号的幅度和频率发生了哪些变化？可以用包络检波来解调吗？

实验20　FM调制解调系统仿真

【实验目的】

1. 掌握FM调制与解调的基本原理。
2. 通过Simulink仿真,加深对FM系统的理解。

【实验原理】

频率调制(FM)是指瞬时频率偏移随调制信号 $m(t)$ 做线性变化,频率调制信号的表示式为

$$S_{FM}(t) = A\cos[\omega_c t + K_f\int m(\tau)d\tau] \tag{1.20.1}$$

其中,K_f 为调频灵敏度,$m(t)$ 为调制信号。

FM的时域波形如图1.20.1所示。

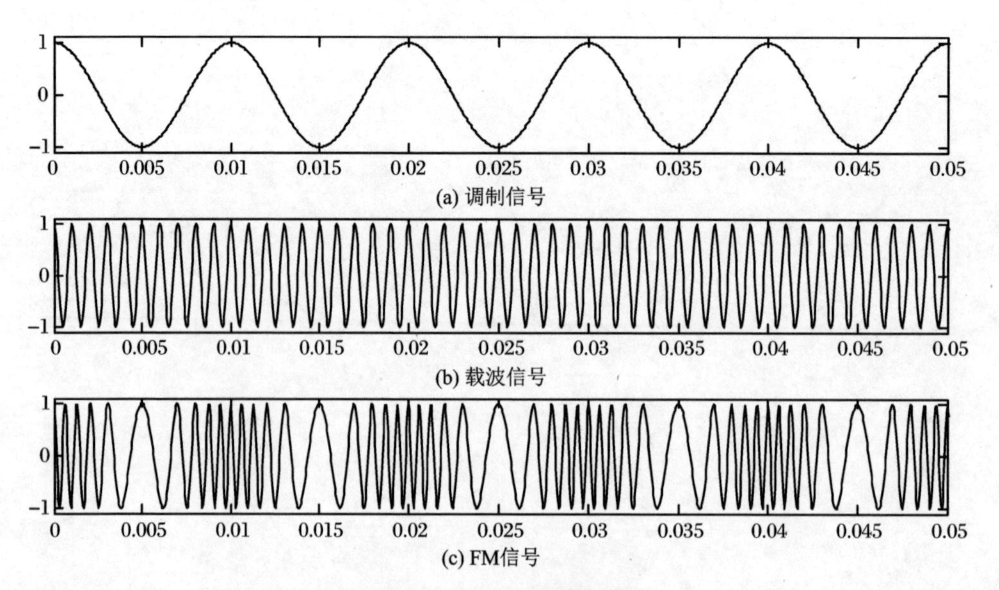

图1.20.1　FM的时域波形图

1. FM 信号的产生

FM 信号的产生方法有直接调频法和间接调频法。

直接调频法是用调制信号直接去控制载波振荡器的频率，使其按调制信号的规律线性地变化。如图 1.20.2 所示。

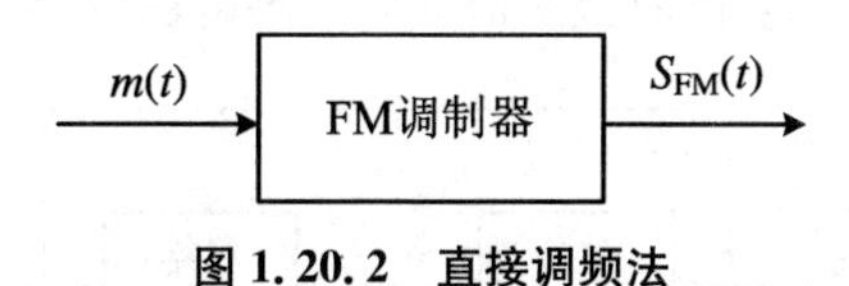

图 1.20.2　直接调频法

实际中，常采用压控振荡器(VCO)作为调制器。每个压控振荡器自身就是一个 FM 调制器，因为它的振荡频率正比于输入控制电压。

直接调频法的优点是可以获得较大的频偏。缺点是频率稳定度不高，即载频会发生飘移。可采用采用锁相环(PLL)调制器来进行改进，如图 1.20.3 所示。

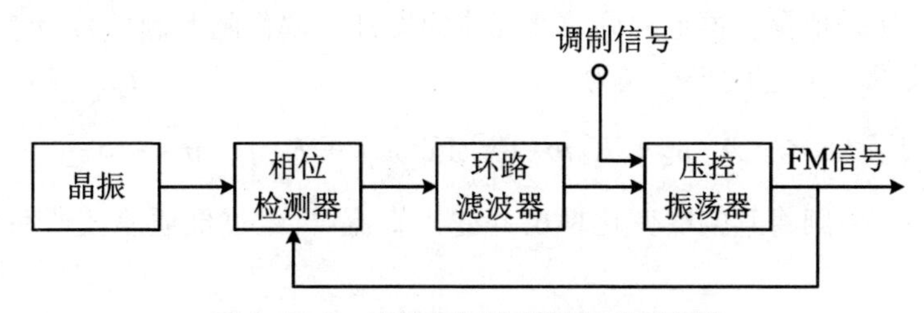

图 1.20.3　直接调频法(锁相环调制器)

间接调频法：先将调制信号积分，然后对载波进行调相，即可产生一个窄带调频(NBFM)信号，再经 n 次倍频器得到宽带调频(WBFM) 信号。如图 1.20.4 所示。

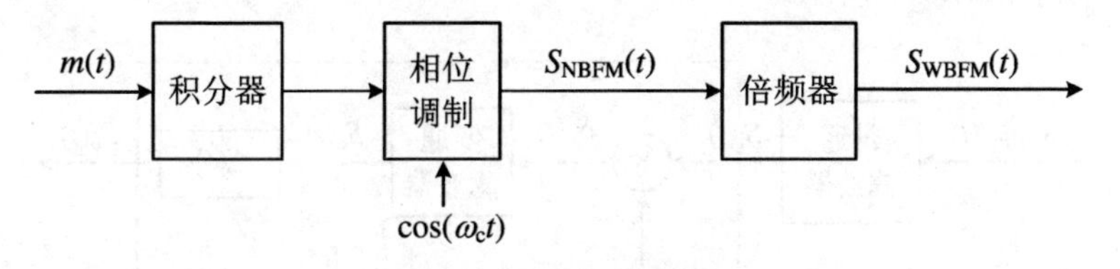

图 1.20.4　间接调频法

NBFM 的产生原理如图 1.20.5 所示。

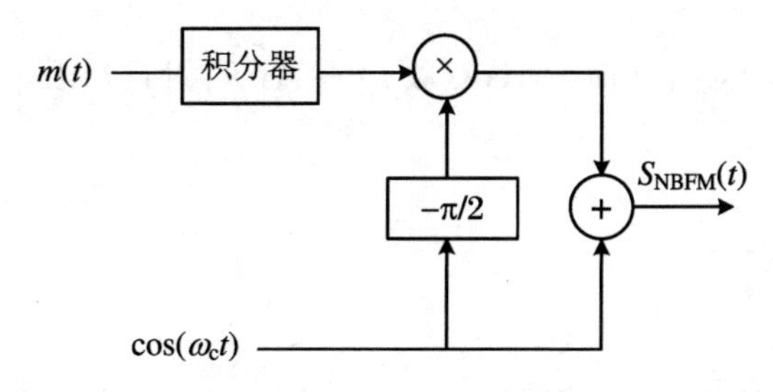

图 1.20.5　NBFM 原理框图

2. FM 解调

调频电路的解调称为频率检波,也称为鉴频,其作用是把包含在调频信号频率中的原调制信号检出。调频信号的解调有相干与非相干解调两种方法。相干解调适合于窄带调频;非相干解调既适合于窄带调频,也适合于宽带调频。

非相干解调是指不需要提取载波信息的一种解调方法。如图 1.20.6 所示。

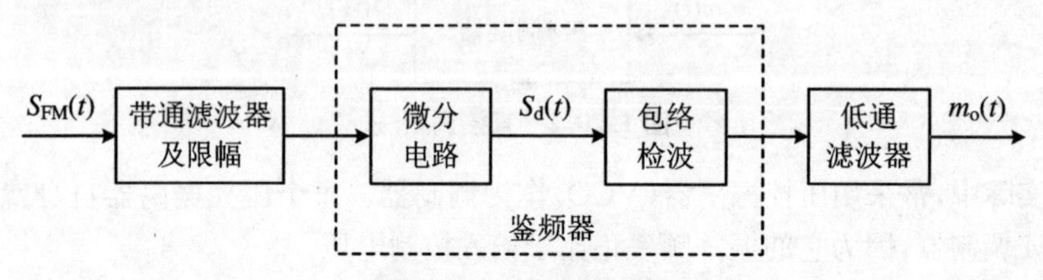

图 1.20.6 振幅鉴频器

图 1.20.6 中,微分器和包络检波器构成了具有近似理想鉴频特性的鉴频器。微分器的作用是把幅度恒定的调频波变成幅度和频率都随调制信号 $m(t)$变化的调幅调频波 $S_d(t)$,它的表达式为

$$S_d(t) = -A[\omega_c + K_f m(t)]\sin[\omega_c t + K_f \int_{-\infty}^{t} m(\tau)d\tau] \tag{1.20.2}$$

包络检波器则将其幅度变化检出并滤去直流,再经过低通滤波器后即得解调输出

$$m_o(t) = K_d K_f m(t) \tag{1.20.3}$$

相干解调,也叫同步检波,相干解调仅适用于 NBFM 信号。由于 NBFM 信号可分解成同相分量与正交分量之和,因而可以采用线性调制中的相干解调法来进行解调。如图 1.20.7 所示。

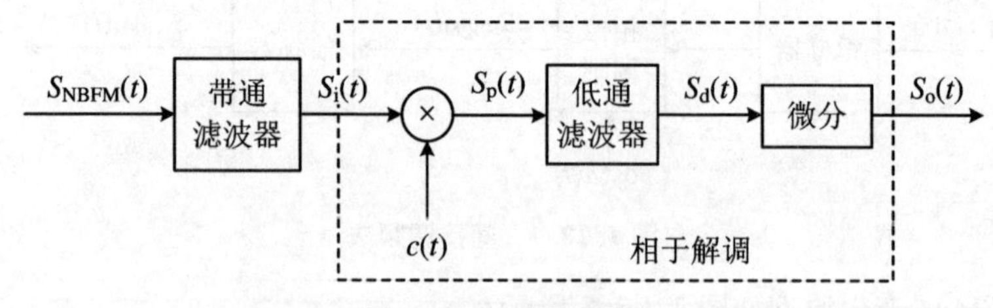

图 1.20.7 相干解调

图 1.20.7 中,$S_{NBFM}(t) = A\cos(\omega_c t) - A\left[K_{FM}\int f(t)dt\right]\sin(\omega_c t)$,$c(t) = -\sin(\omega_c t)$。

【实验内容】

1. 上机前,认真复习实验原理。

2. NBFM 调制与非相干解调的仿真模型如图 1.20.8 所示，记录载波信号、基带信号、已调信号、解调信号的时域波形图，给各图加上标题，并说明各模块的主要参数。

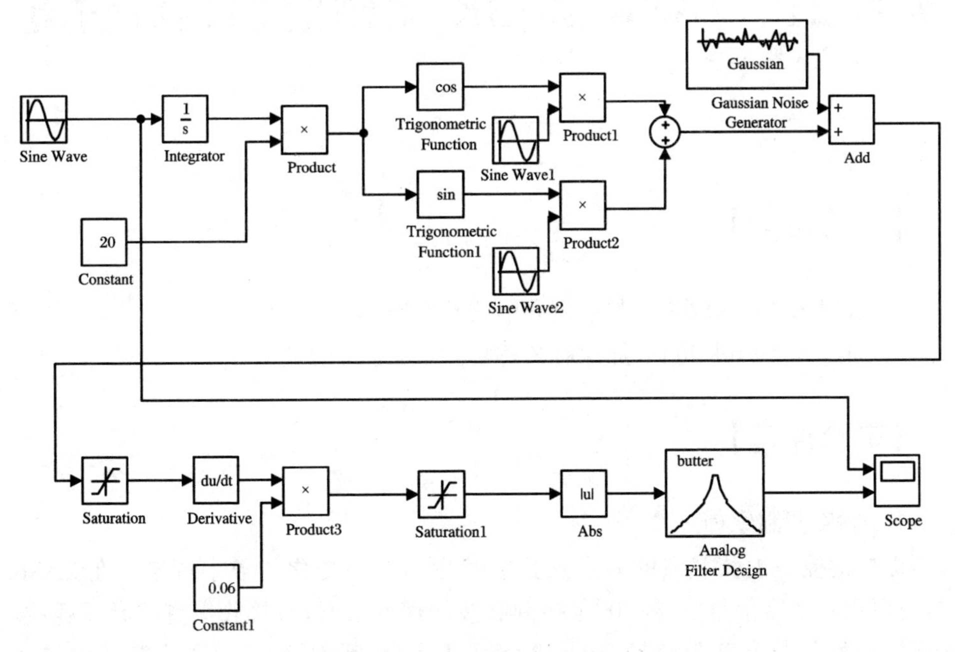

图 1.20.8　NBFM 调制与非相干解调

3. NBFM 调制与相干解调的仿真模型自行设计，记录载波信号、基带信号、已调信号、解调信号的时域波形图，给各图加上标题，并说明各模块的主要参数。

【思考题】

比较调幅系统和调频系统的抗噪声性能，并说明理由。

实验 21　2ASK、2FSK 调制解调系统仿真

【实验目的】

1. 掌握 2ASK、2FSK 信号调制和解调基本原理。
2. 通过 Simulink 仿真，加深对 2ASK、2FSK 系统的理解。

【实验原理】

1. ASK 调制原理

振幅键控是正弦载波的幅度随数字基带信号而变化的数字调制。在 2ASK 中，可以利用数字信号“1”或“0”来控制载波的通或者断，看接收端有或者无载波，来还原原始的数字基带信号，于是 2ASK 又称通-断键控，还可称作开关键控法（OOK）。其时域图如图 1.21.1 所示。

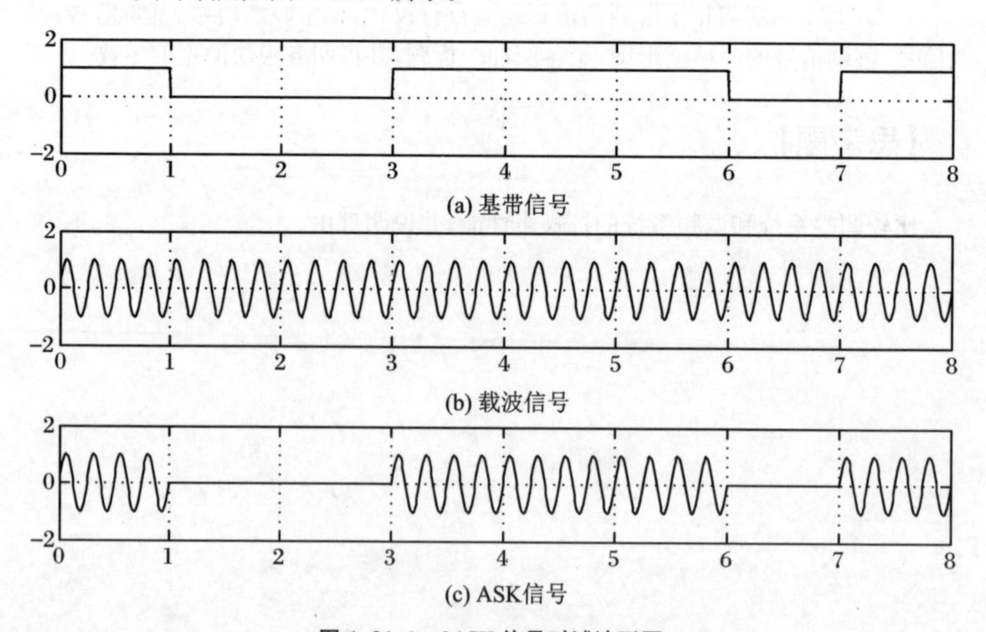

(a) 基带信号

(b) 载波信号

(c) ASK信号

图 1.21.1　2ASK 信号时域波形图

2ASK 信号的产生方法有两种，分别是模拟调制法和键控法，分别如图 1.21.2 和图 1.21.3 所示。

图 1.21.2 中，$S(t)$为基带信号，$\cos(\omega_c t)$为载波信号。

图 1.21.3 中，当输入信号为 1 时，开关接通 1 处，有载波输出；当输入信号为 0 时，开关切至 0 处，无载波输出。

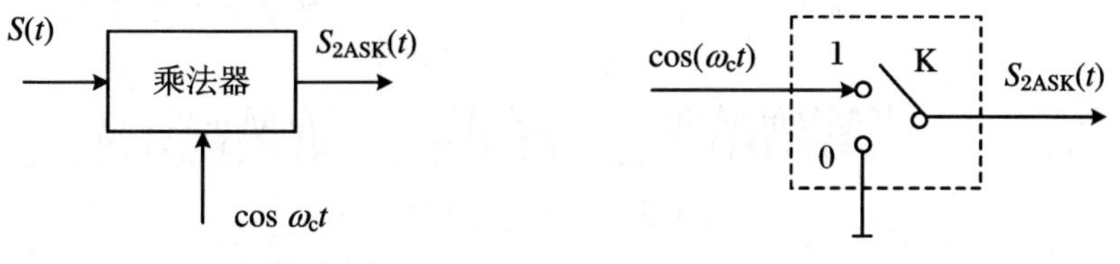

图 1.21.2　模拟调制法　　**图 1.21.3　键控法**

2ASK 信号的解调可以采用非相干解调（包络检波）和相干解调两种方式来实现，分别如图 1.21.4 和图 1.21.5 所示。

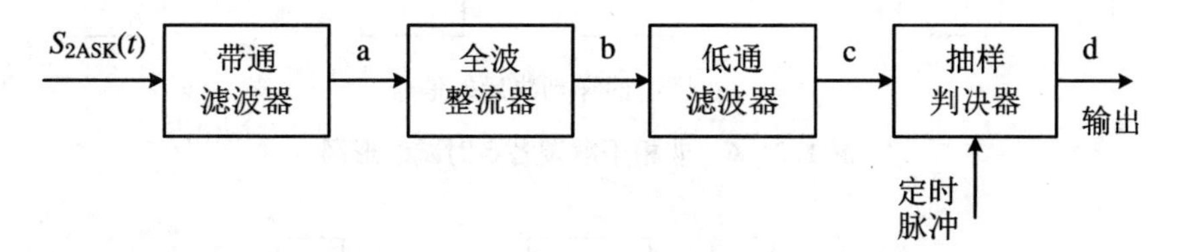

图 1.21.4　包络检波

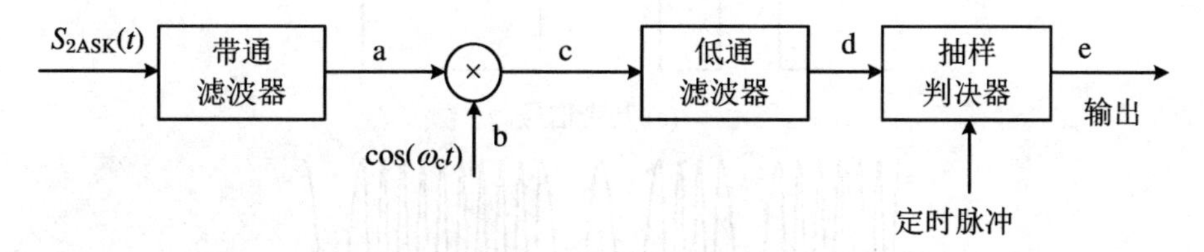

图 1.21.5　相干解调

图 1.21.4 中各点的时域波形如图 1.21.6 所示。

2. FSK 调制原理

在二进制数字调制中，若正弦载波的频率随二进制基带信号在 f_1 和 f_2 两个频率点间变化，则产生二进制频移键控信号（2FSK 信号）。二进制频移键控指载波的频率受调制信号的控制，而幅度和相位保持不变。二进制频移键控信号可以看成是两个不同载波的二进制幅移键控信号的叠加。其时域图如图 1.21.7 所示。

2FSK 信号的时域表达式可表示为

$$S_{2FSK} = \left[\sum_n a_n g(t - nT_s)\right]\cos(\omega_1 t) + \left[\sum_n \bar{a}_n g(t - nT_s)\right]\cos(\omega_2 t) \tag{1.21.1}$$

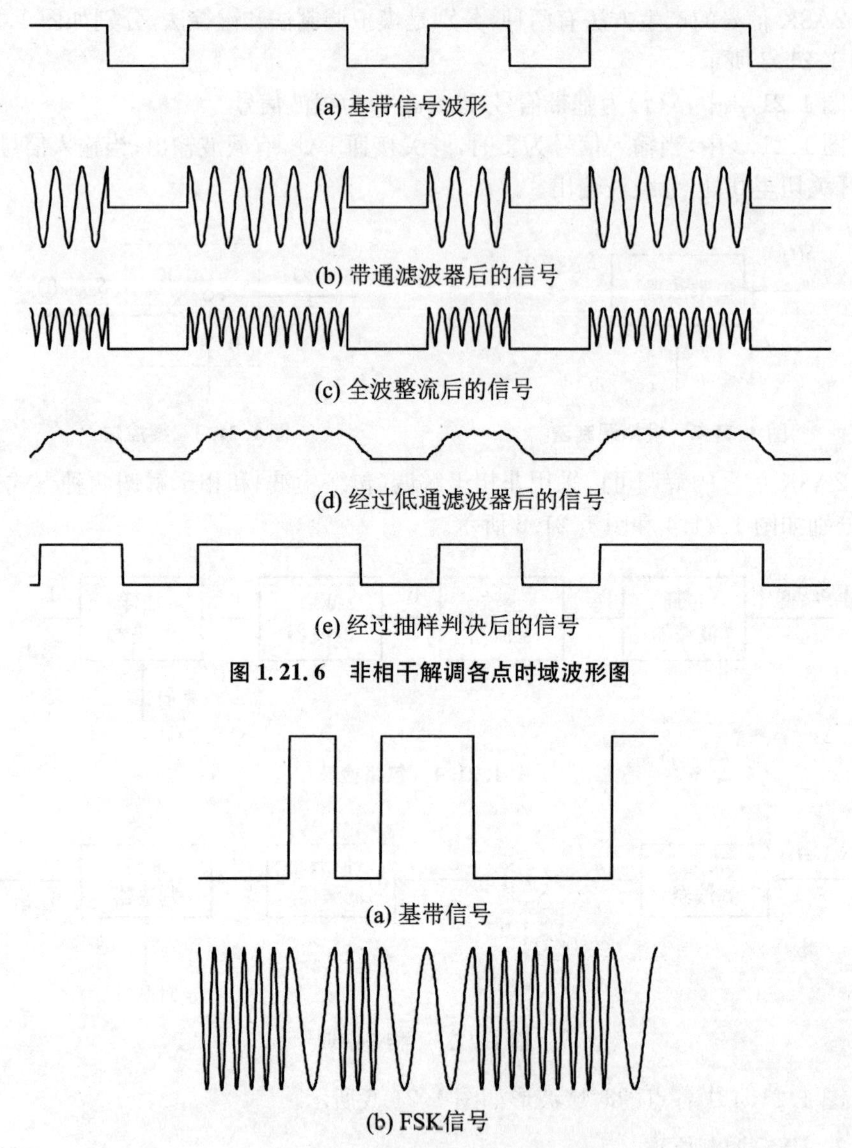

(a) 基带信号波形

(b) 带通滤波器后的信号

(c) 全波整流后的信号

(d) 经过低通滤波器后的信号

(e) 经过抽样判决后的信号

图 1.21.6 非相干解调各点时域波形图

(a) 基带信号

(b) FSK信号

图 1.21.7 2FSK 信号的时间波形

其中，$\bar{a}_n$ 和 a_n 是互为反码。

如图 1.21.8 所示，a 和 b 是两个互为反码的信息源，c 和 d 分别为相对应的载波，然后分别进行 2ASK 调制后相加就得到了 2FSK 信号。

2FSK 信号的产生方法有两种，分别是模拟调制法和键控法，分别如图 1.21.8 所示。

2FSK 信号的解调可以采用非相干解调（包络检波）和相干解调两种方式来实现，分别如图 1.21.10 和 1.21.11 所示。

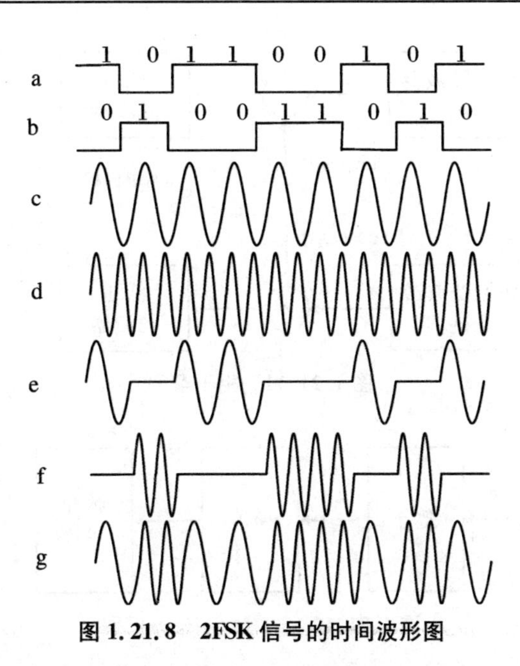

图 1.21.8 2FSK信号的时间波形图

FSK还有其他解调方法，如鉴频法、差分检测法、过零检测法等，图1.21.12给出了过零检测法的原理方框图及各点时间波形。

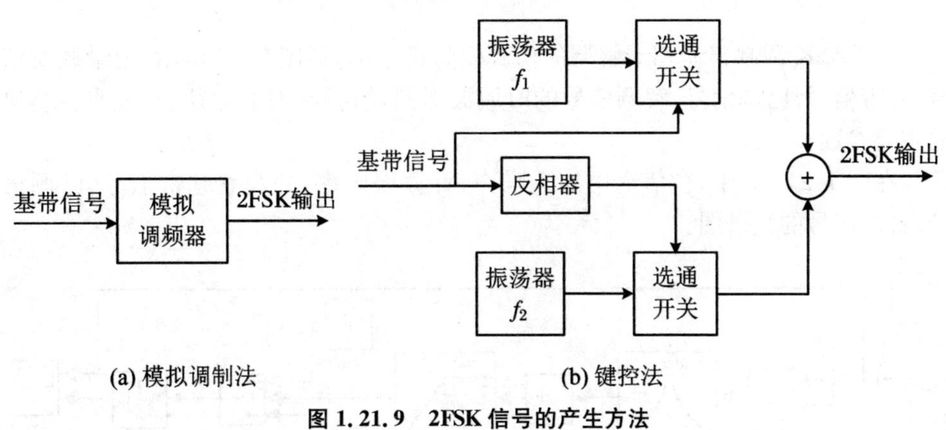

(a) 模拟调制法 (b) 键控法

图 1.21.9 2FSK信号的产生方法

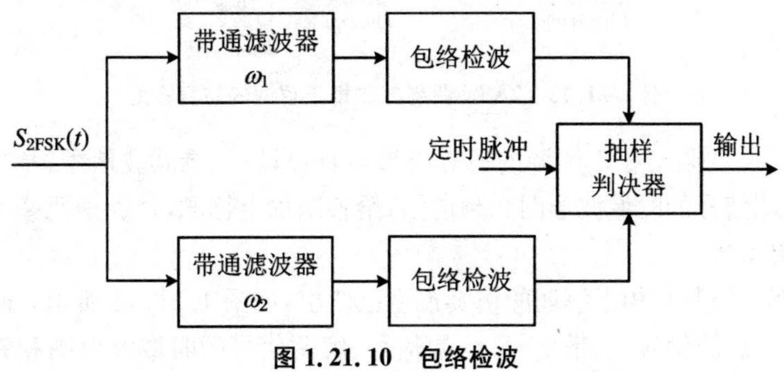

图 1.21.10 包络检波

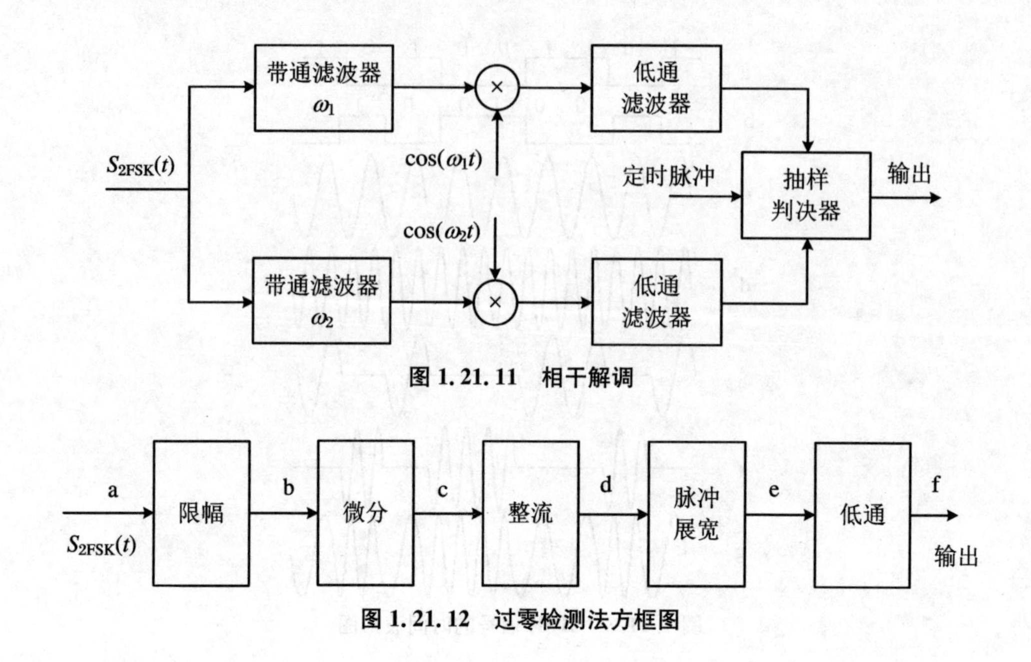

图 1.21.11　相干解调

图 1.21.12　过零检测法方框图

【实验内容】

1. 2ASK 调制与非相干解调的仿真模型已给出，如图 6.13 所示，记录载波信号、基带信号、已调信号、解调信号的时域波形图，给各图加上标题，并说明各模块的主要参数。

在图 1.21.13 中，在信道中加入噪声，计算误码率，并观察基带信号、已调信号、解调信号的频谱图。

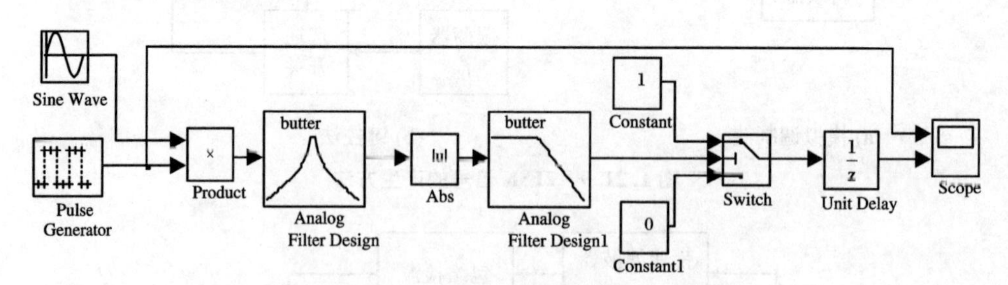

图 1.21.13　2ASK 调制与非相干解调的仿真模型

2. 2ASK 调制与相干解调的仿真模型自行设计，记录载波信号、基带信号、已调信号、解调信号的时域波形图和频谱图，给各图加上标题，计算误码率，并说明各模块的主要参数。

3. 2FSK 调制与相干解调的仿真模型已给出，如图 1.21.14 所示，在信道中加入噪声，记录载波信号、基带信号、已调信号、解调信号的时域波形图和频谱图，给各图加上标题,计算误码率,并说明各模块的主要参数。

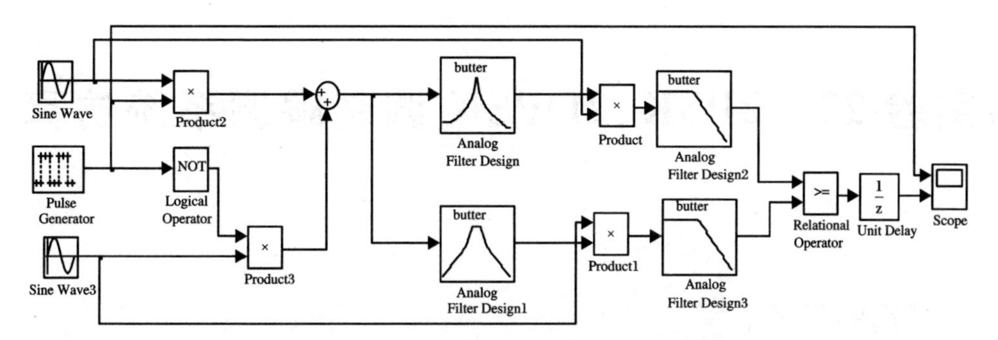

图 1.21.14 2FSK 调制与相干解调的仿真模型

4. 2FSK 调制与非相干解调的仿真模型自行设计,记录载波信号、基带信号、已调信号、解调信号的时域波形图,给各图加上标题,并说明各模块的主要参数。

5. 2FSK 调制与过零检测法的仿真模型自行设计,记录载波信号、基带信号、已调信号、解调信号的时域波形图,给各图加上标题,并说明各模块的主要参数。

【思考题】

1. 比较 ASK、FSK 调制的抗噪声性能及频谱利用率。
2. 如何降低仿真过程中的误码率?分析产生误码的原因。

实验 22　2PSK、2DPSK 调制解调系统仿真

【实验目的】

1. 掌握 2PSK、2DPSK 信号调制和解调基本原理。
2. 通过 Simulink 仿真，加深对 2PSK、2DPSK 系统的理解。

【实验原理】

相移键控是利用载波相位的变化来传递数字信息，通常可以分为绝对相移键控(2PSK)和相对相移键控(2DPSK)两种方式。

1. PSK 调制原理

绝对相移键控(2PSK)它用两个初相相隔为 180°的载波来传递二进制信息。

发送二进制符号"1"时，取 0 相位；发送二进制符号"0"时，取 π 相位。或者也可以反过来。其波形如图 1.22.1 所示。

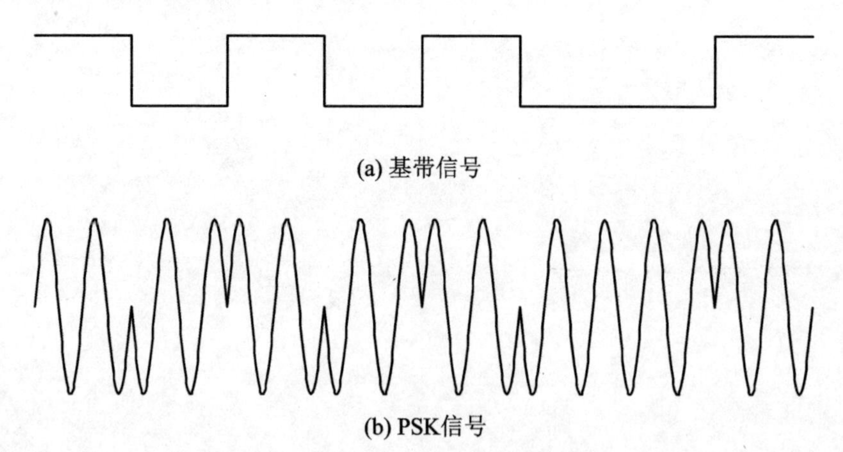

图 1.22.1　2PSK 信号波形图

2PSK 信号的产生方法有两种，分别是模拟调制法和相移键控法，分别如图 1.22.2 和图 1.22.3 所示。

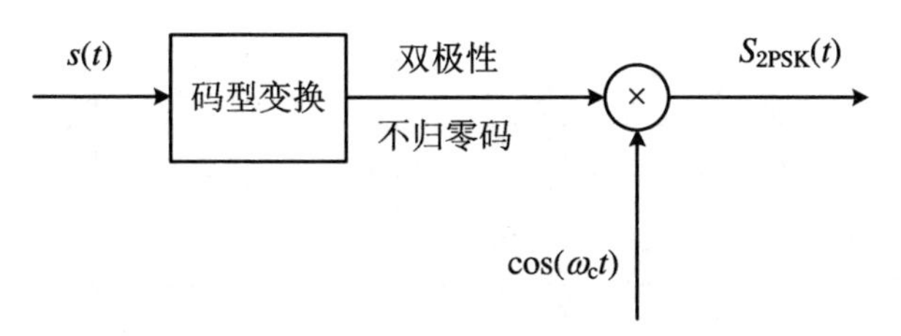

图 1.22.2　模拟调制法

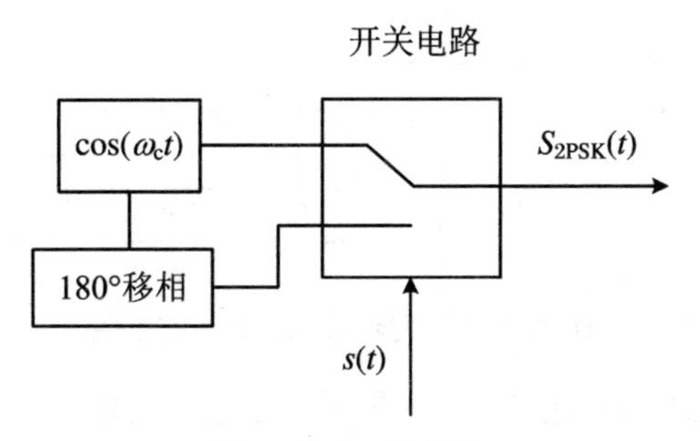

图 1.22.3　键控法

PSK 解调只能采用相干解调，如果采用包络检波的方法，则要求信号的包络能反应信号信息，而 PSK 只对相位进行调制，包络没有发生变化，不能反映信号信息，所以不能用包络检波。其解调原理如图 1.22.4 所示。

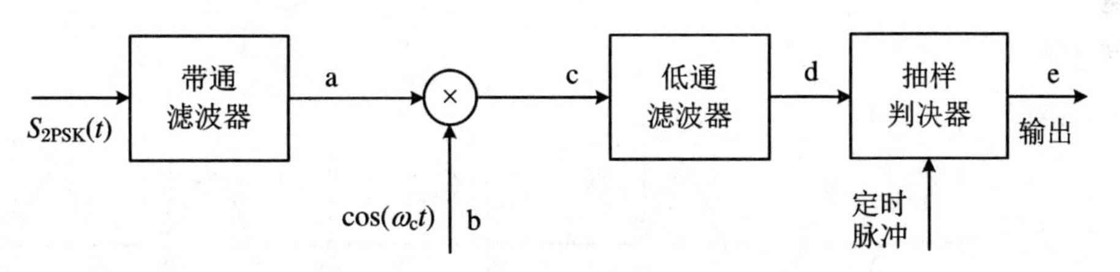

图 1.22.4　相干解调

图 1.22.4 中同步解调的各点波形图如图 1.22.5 所示。

2. DPSK 调制解调原理

由于在 2PSK 信号的载波恢复过程中存在着的相位模糊，即恢复的本地载波与所需的相干载波可能同相，也可能反相。这种相位关系的不确定性将会造成解调出的数字基带信号与发送的数字基带信号正好相反。即“1”变为“0”，“0”变为“1”，判决器输出数字信号全部出错，称为 2PSK 方式的“倒 π”现象或“反相工作”。另外，在随机信号码元序列中，信号波形有可能出现长时间连续的正弦波形，致使在接收端无法辨认信号码元的起止时刻。要解决上述问题，可以采用差分相移键控(DPSK)。

2DPSK 是利用前后相邻码元的载波相对相位变化传递数字信息，所以又称相

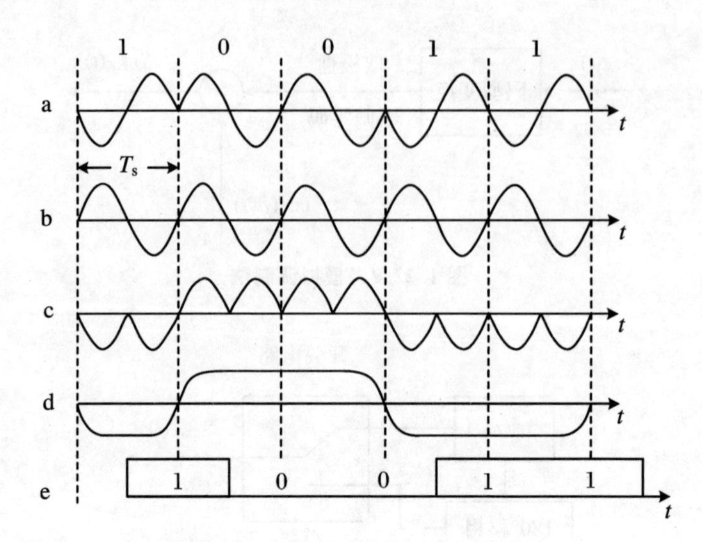

图 1.22.5　同步解调的各点波形图

对相移键控。假设 $\Delta\varphi$ 为当前码元与前一码元的载波相位差,定义数字信息与 $\Delta\varphi$ 之间的关系为

$$\Delta\varphi=\begin{cases}0, & \text{表示数字信息“0”}\\ \pi, & \text{表示数字信息“1”}\end{cases}\tag{22.1}$$

DPSK 波形如图 1.22.6 所示。

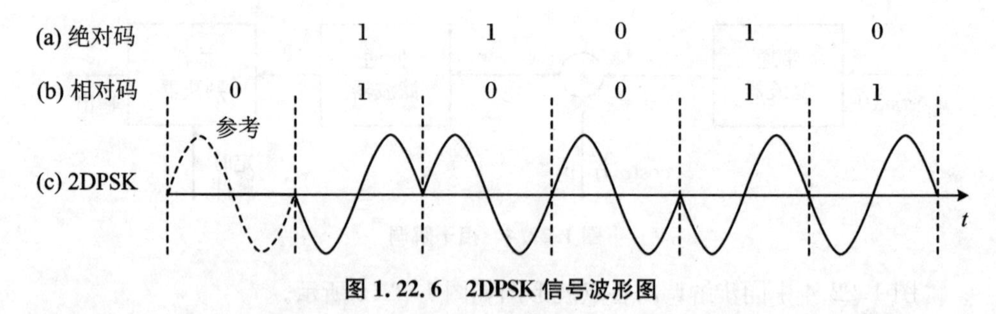

图 1.22.6　2DPSK 信号波形图

DPSK 信号产生原理图如图 1.22.7 所示。

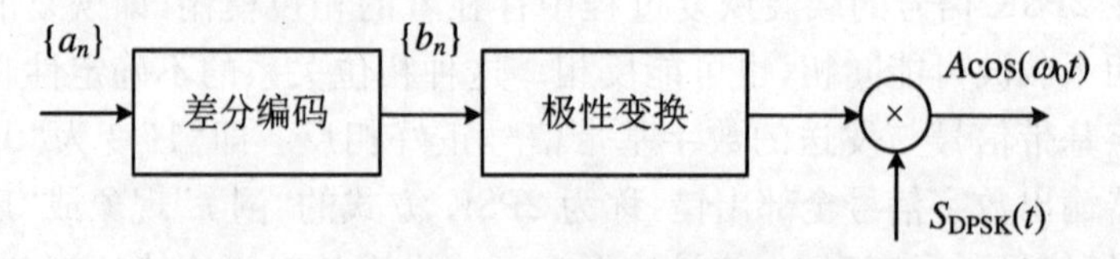

图 1.22.7　2DPSK 调制原理图

调相信号是通过载波的相位变化来传输消息的,它具有恒定的包络,而且频率上也无法分离,所以不能采用包络解调,只能采用相干解调。图 1.22.8 和图 1.22.9 分别给出了两种解调原理。

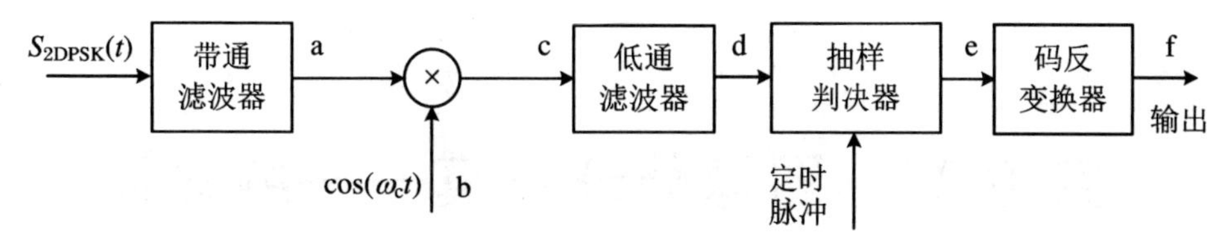

图 1.22.8　相干解调(极性比较法)加码反变换法

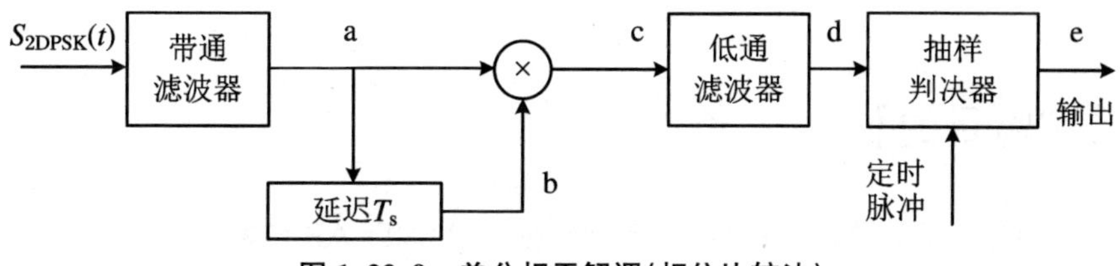

图 1.22.9　差分相干解调(相位比较法)

【实验内容】

1. 2PSK 调制与解调的仿真模型如图 1.22.10 所示,并在信道中加入噪声,记录载波信号、基带信号、已调信号、解调信号的时域波形图和频谱图,给各图加上标题,计算误码率,并说明各模块的主要参数。

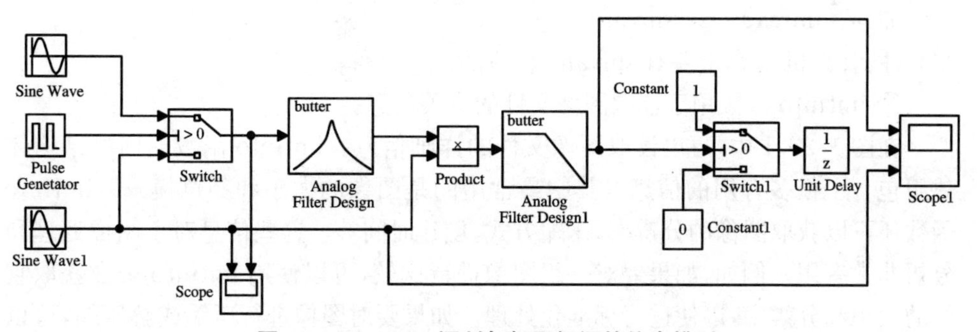

图 1.22.10　PSK 调制与相干解调的仿真模型

2. 2DPSK 调制与解调的仿真模型自行设计,并在信道中加入噪声,记录载波信号、基带信号、已调信号、解调信号的时域波形图和频谱图,给各图加上标题,计算误码率,并说明各模块的主要参数。

【思考题】

1. 简述 2PSK 和 2DPSK 的异同之处。

2. 除二进制数字调制外,通信系统常采用的数字调制方式有哪些?(至少说出五种以上)

实验 23　图像处理仿真——编程篇

【实验目的】

1. 熟练掌握图像读、写、显示、类型转换等 MATLAB 函数的用法。
2. 熟练掌握图像间的转化。

【实验原理】

1. MATLAB 程序

(1) MATLAB 中图像数据的读取

① imread 函数用于读入各种图像文件。

如：a = imread('E:\shiyan1.jpg')。

注：计算机 E 盘上要有 shiyan1 相应的.jpg 文件。

② imfinfo 函数用于读取图像文件的有关信息。

在图 1.23.1 中，可以读取图像文件的详细信息。imfinfo 函数返回的结构体数组包含了很多有用的信息。其中最常用的是图像的大小和颜色模式。imfinfo 函数还可以获取图像的分辨率、压缩方式、创建时间等。这些信息对于图像处理和分析非常有用。例如，如果要对一组图像进行比较，可以使用 imfinfo 函数获取它们的大小和分辨率，以便进行标准化处理。如果要对图像进行压缩或解压缩，可以使用 imfinfo 函数获取它们的压缩方式。

③ 利用 whos 命令提取该读入图像的基本信息。

在图 1.23.2 中，可以读取图像文件的基本信息，但不如图 1.23.1 中的信息详细。

④ 利用 imwrite 函数来压缩图像，将其保存为一幅压缩了像素的 jpg 文件，设为 shiyan2.jpg；语法：imwrite(原图像，新图像，'quality'，q)，q 取 0～100。

图 1.23.3 中，可以看出经过 imwrite 后，原图像文件大小为 63391，新图像文件大小为 32588。图像实现了压缩。

(2) MATLAB 中图像文件的显示

image、imagesc 和 imshow 函数均可用于显示图像。

```
>> imfinfo shiyan1.jpg

ans =

           Filename: 'C:\Users\ASUS\Desktop\shiyan1.jpg'
        FileModDate: '04-Jul-2023 14:06:23'
           FileSize: 63391
             Format: 'jpg'
      FormatVersion: ''
              Width: 600
             Height: 600
           BitDepth: 24
          ColorType: 'truecolor'
    FormatSignature: ''
    NumberOfSamples: 3
       CodingMethod: 'Huffman'
      CodingProcess: 'Sequential'
            Comment: {}
```

图 1.23.1　读取图像文件的信息图 1

```
>> a=imread('shiyan1.jpg');
>> whos a
  Name        Size             Bytes  Class    Attributes

  a          313x210x3         197190  uint8
```

图 1.23.2　读取图像的基本信息图 2

① image 函数，其语法如下：

image(M)：将数组 M 中的数据显示为图像。

② imagesc 函数，其语法如下：

imagesc(M)：将数组 M 中的数据显示为一个图像，该图像使用颜色图中的全部颜色。b 中的每个元素指定图像的一个像素的颜色。生成图像是 $m\times n$ 的像素网格，其中，m、n 分别为 c 中的行数和列数。

③ imshow 函数，inshow 的功能要强大一些，比如用于灰度图像、RGB 图像、二进制图像，都可以应用。

需要显示多幅图像时，可以使用 figure 语句，它的功能就是重新打开一个图像显示窗口。用 figure，imshow()分别将 shiyan1.jpg 和 shiyan2.jpg 显示出来，观察两幅图像的质量，如图 1.23.4 所示。

(3) MATLAB 中灰度直方图的显示

```
>> a=imread('shiyan1.jpg');
 imwrite(a,'shiyan2.jpg','quality',60);
 b=imread('shiyan2.jpg');
imfinfo shiyan1.jpg
 imfinfo shiyan2.jpg

ans =

        Filename: 'C:\Users\ASUS\Desktop\shi...'
     FileModDate: '04-Jul-2023 14:06:23'
        FileSize: 63391
          Format: 'jpg'
   FormatVersion: ''
           Width: 600
          Height: 600
        BitDepth: 24
       ColorType: 'truecolor'
 FormatSignature: ''
 NumberOfSamples: 3
    CodingMethod: 'Huffman'
   CodingProcess: 'Sequential'
         Comment: {}
```

```
ans =

        Filename: 'C:\Users\ASUS\Desktop\shi...'
     FileModDate: '24-Jul-2023 21:59:57'
        FileSize: 32588
          Format: 'jpg'
   FormatVersion: ''
           Width: 600
          Height: 600
        BitDepth: 24
       ColorType: 'truecolor'
 FormatSignature: ''
 NumberOfSamples: 3
    CodingMethod: 'Huffman'
   CodingProcess: 'Sequential'
         Comment: {}
```

图 1.23.3　读取并压缩图像

```
>> imwrite(a,'shiyan2.jpg','quality',5);
A=imread('shiyan1.jpg');
figure,imshow(A);
B=imread('shiyan2.jpg');
figure,imshow(B);
```

图 1.23.4　显示图像

MATLAB 图像处理工具箱提供了 imhist 函数来计算和显示图像的直方图，imhist 函数的语法格式为

imhist(I,n)

imhist(X,map)

其中,imhist(I,n)计算和显示灰度图像 I 的直方图,n 为指定的灰度级数目,默认值为 256。imhist(X,map)计算和显示索引色图像 X 的直方图,map 为调色板。

(4) 对比度增强

如果原图像 $f(x,y)$的灰度范围是$[m,M]$,我们希望调整后的图像 $g(x,y)$的灰度范围是$[n,N]$,那么下述变换,就可以实现这一要求。

MATLAB 图像处理工具箱中提供的 imadjust 函数,可以实现上述的线性变换对比度增强。Imadjust 函数的语法格式为

J = imadjust(I,[low_in high_in],[low_out high_out])

J = imadjust(I,[low_in high_in],[low_out high_out])

返回图像 I 经过直方图调整后的图像 J,[low_in high_in]为原图像中要变换的灰度范围,[low_out high_out]指定了变换后的灰度范围。

(5) 图像类型转换

① rgb2gray 把真彩图像转换为灰度图像(图 1.23.5)。

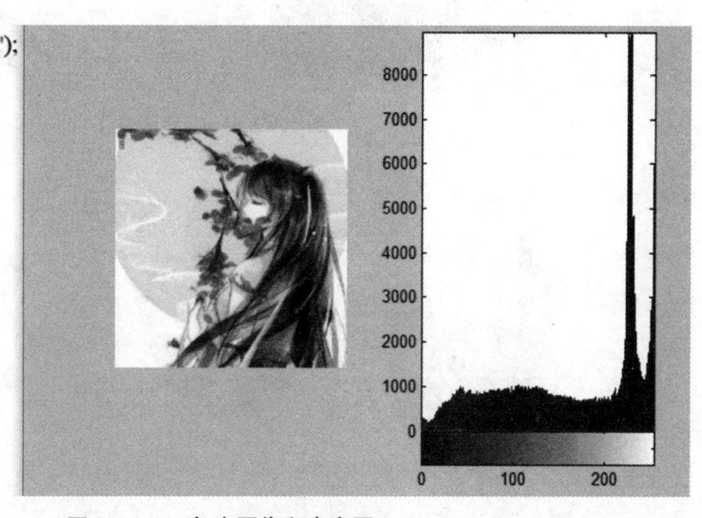

图 1.23.5　灰度图像和直方图

② im2bw 通过阈值化方法把图像转换为二值图像(图 1.23.6)。

I = im2bw(j,level)

其中,Level 表示灰度阈值,取值范围 0～1,表示阈值取自原图像灰度范围的 $n\%$。

③ imresize 改变图像的大小

I = imresize(j,[m n]):将图像 j 大小调整为 m 行 n 列。

(6) 图像运算(图 1.23.7)

```
>> a=imread('shiyan1.jpg');
b=im2bw(a);
figure
imshow(a);
figure
imshow(b);
```

图 1.23.6　二值图像

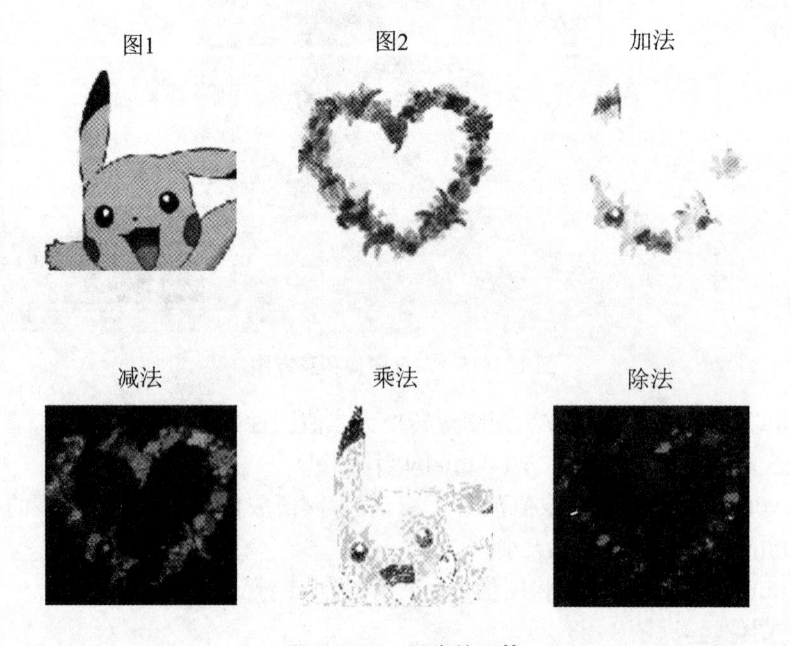

图 1.23.7　图像的运算

imadd 两幅图像相加，要求同样大小，同种数据类型。
imsubstract 两幅图像相减，要求同样大小，同种数据类型。
immultiply 两幅图像相乘。
imdivide 两幅图像相除。

【实验内容】

1. 读入一幅图像，通过 imshow 函数将图像显示出来。

2. 读出图像文件，显示它的图像及灰度直方图；用 imadjust 函数将它的灰度值调整到[0,1]之间，并观察调整后的图像与原图像的差别，调整后的灰度直方图与原灰度直方图的区别。

3. 对一幅图像进行灰度变化，实现图像变亮、变暗和负片效果，在同一个窗口内分成四个子窗口来分别显示，注上文字标题。

4. 对两幅不同图像执行加、减、乘、除操作，在同一个窗口内分成六个子窗口来分别显示，注上文字标题。

【思考题】

1. 如何在图像中加入噪声？可以加哪些噪声？
2. MATLAB 软件可以支持哪些图像文件格式？

实验 24　图像处理仿真——模型篇

【实验目的】

通过 Simulink 仿真，加深对图像处理的理解。

【实验原理】

1. 图像灰度变换增强

通过 Simulink 实现图像灰度变换增强，步骤如下：

(1) 新建一个 tu1. mdl 文件(文件名可自行定义)。

(2) 添加图 1.24.1 中仿真模型所需要的子模块。选择 Image From File 模块、Color Space Conversion 模块、Contrast Adjustment 模块、Video Viewer 模块拖放到 tu1. mdl 文件中相应的位置。

(3) 连接各模块，开成仿真模型图如图 1.24.1 所示。

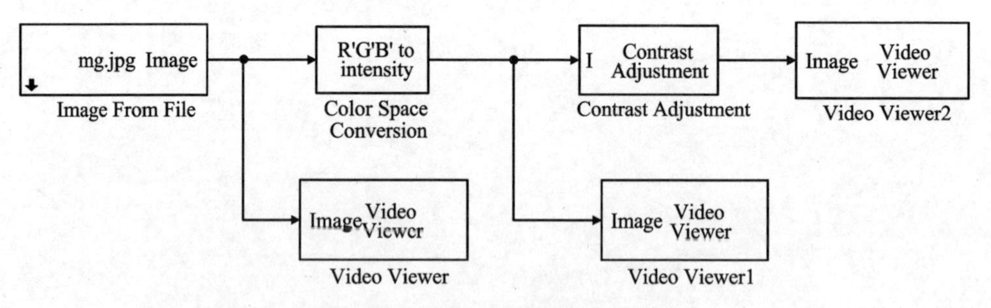

图 1.24.1　图像灰度变换增强模型

(4) 设置各模块参数。

(5) 运行仿真系统，仿真结果如图 1.24.2 所示。

2. 图像中值滤波增强

中值滤波 Median Filter 模块去除图像中的椒盐噪声。通过 Simulink 实现图像中值滤波增强，步骤如下：

(1) 新建一个 tu2. m 文件(文件名可自行定义)，输入两条命令后，保存并

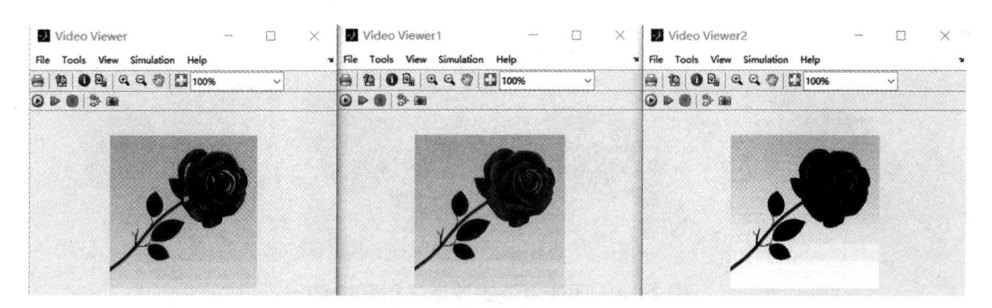

图 1.24.2　图像灰度变换增强仿真结果

运行。

```
A=imread('mg1.jpg');
B=imnoise(A,'salt & pepper',0.2);
```

(2) 新建一个 tu2.mdl 文件(文件名可自行定义)。

(3) 添加图 1.24.3 中仿真模型所需要的子模块。选择 Image From Workspace 模块、Color Space Conversion 模块、Median Filter 模块、Video Viewer 模块拖放到 tu2.mdl 文件中相应的位置。

(3) 连接各模块,开成仿真模型图如图 1.24.3 所示。

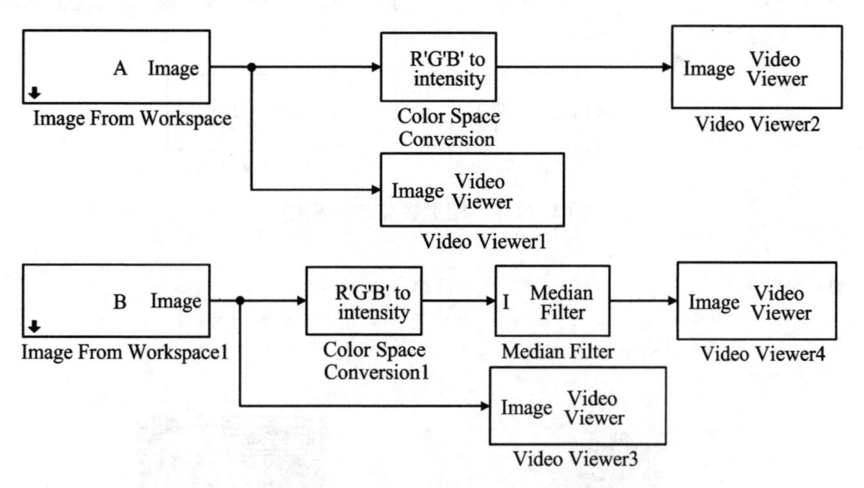

图 1.24.3　图像中值滤波增强模型

(4) 设置各模块参数。

(5) 运行仿真系统,仿真结果如图 1.24.4 所示。

将图像和程序保存在同一文件夹后,运行程序,再运行 Simulink。

3. 图像锐化增强

通过 Simulink 实现图像灰度变换增强,步骤如下:

(1) 新建一个 tu3.mdl 文件(文件名可自行定义)。

图 24.4　图像中值滤波增强仿真结果

(2) 添加图 1.24.5 中仿真模型所需要的子模块。选择 Image From File 模块、Color Space Conversion 模块、2-D FIR Filter 模块、Video Viewer 模块拖放到 tu3.mdl 文件中相应的位置。

(3) 连接各模块,开成仿真模型图如图 1.24.5 所示。

(4) 设置各模块参数。

(5) 运行仿真系统,仿真结果如图 1.24.6 所示。

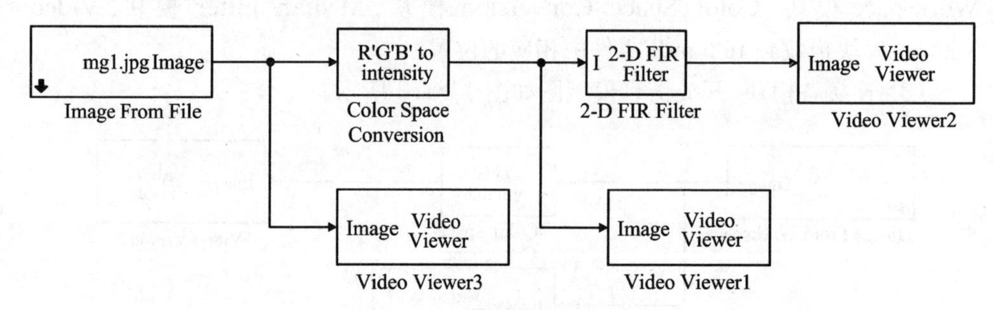

图 1.24.5　图像锐化增强模型

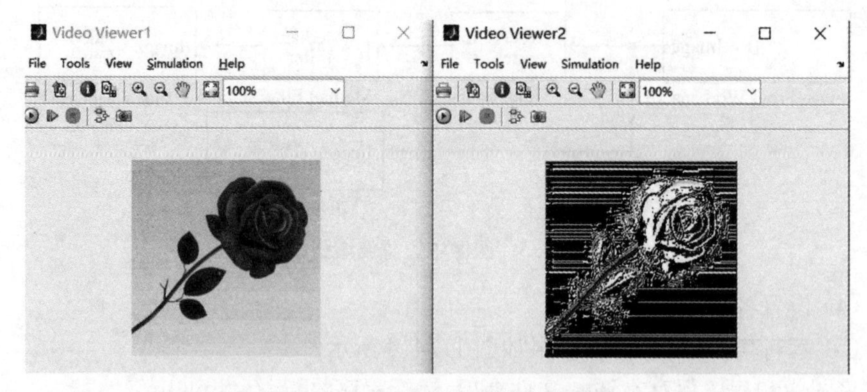

图 1.24.6　图像锐化增强仿真结果

4. 二值图变换

用自动阈值 Autothreshold 模块将灰度图像转换为二值图。

通过 Simulink 实现图像二值图变换，步骤如下：

(1) 新建一个 tu4. mdl 文件(文件名可自行定义)。

(2) 添加图 1.24.7 中仿真模型所需要的子模块。选择 Image From File 模块、Color Space Conversion 模块、Autothreshold 模块、Video Viewer 模块拖放到 tu4. mdl 文件中相应的位置。

(3) 连接各模块，开成仿真模型图如图 1.24.7 所示。

(4) 设置各模块参数。

(5) 运行仿真系统，仿真结果如图 1.24.8 所示。

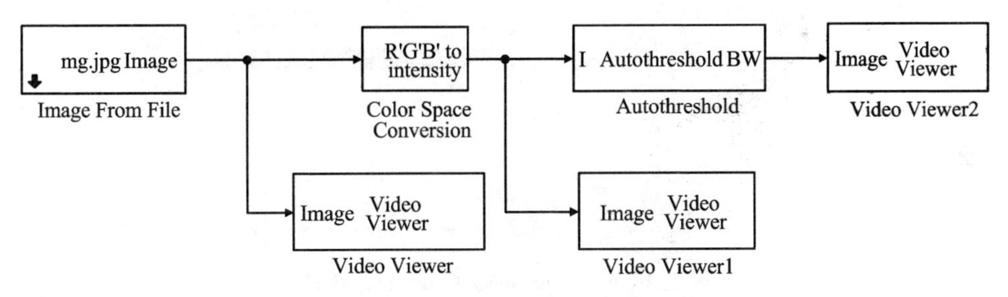

图 1. 24. 7　灰度图像转换为二值图像

图 1. 24. 8　二值图像变换仿真结果

5. 色彩空间转换

Color Space Conversion 模块完成色彩空间转换，该模块有 9 种类型可供选择，如图 1.24.9 所示。

通过 Simulink 实现图像色彩空间转换变换，步骤如下：

(1) 新建一个 tu5. mdl 文件(文件名可自行定义)。

(2) 添加图 1.24.10 中仿真模型所需要的子模块。选择 Image From File 模块、Image Data Type Conversion 模块、Color Space Conversion 模块、Video Viewer 模块拖放到 tu5. mdl 文件中相应的位置。

(3) 连接各模块，开成仿真模型图如图 1.24.10 所示。

(4) 设置各模块参数。

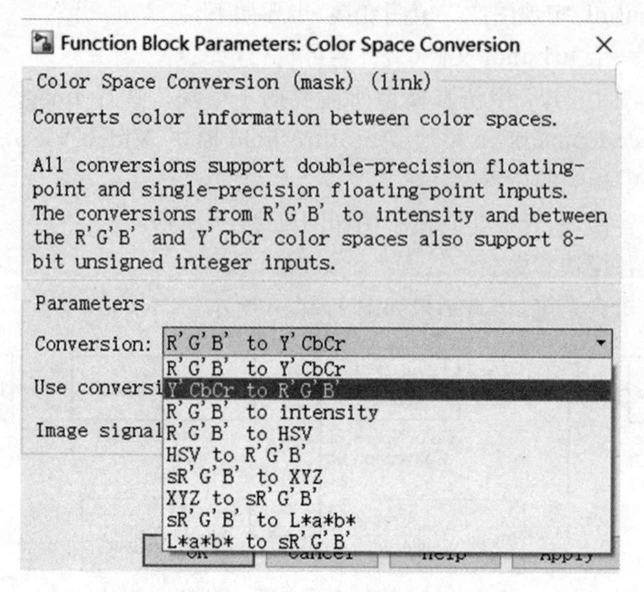

图 1.24.9　**Color Space Conversion 模块**

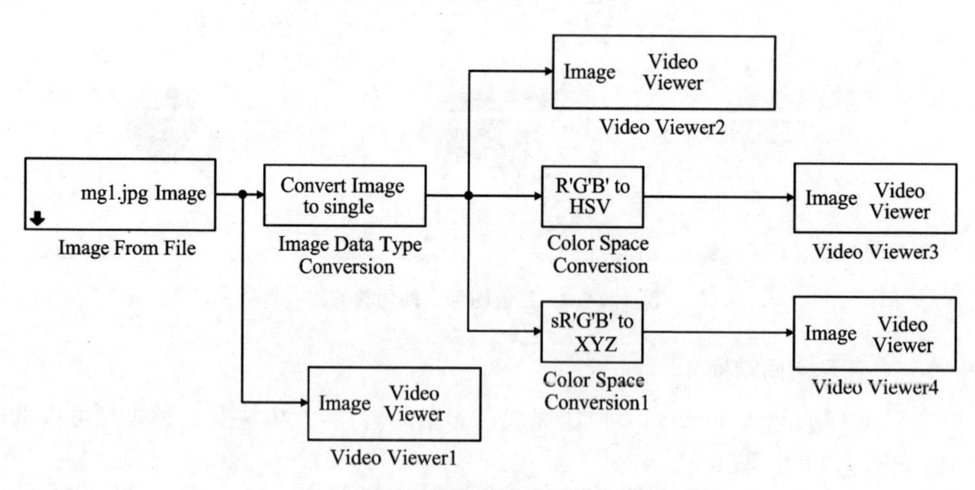

图 1.24.10　**图像色彩空间转换模型**

(5) 运行仿真系统,仿真结果如图 1.24.11 所示。

6. 图像边缘检测

Edge Detection 模块用于图像边缘检测,该模块包括常见的边缘检测算法,如 Sobel、Canny、Sobel、Prewitt,如图 1.24.12 所示。

通过 Simulink 实现图像的边缘检测,步骤如下:

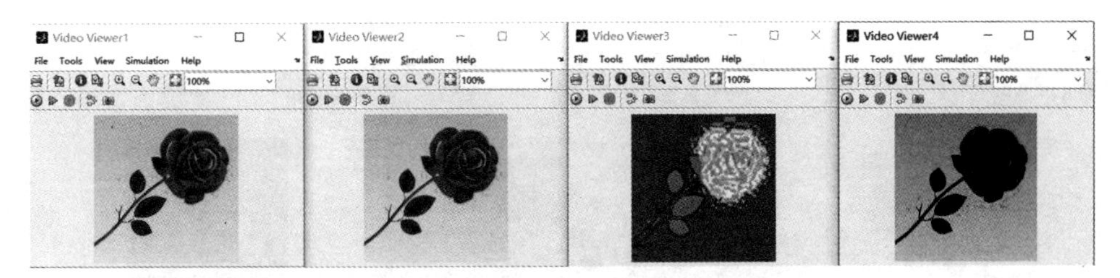

图 1.24.11　图像色彩空间转换仿真结果

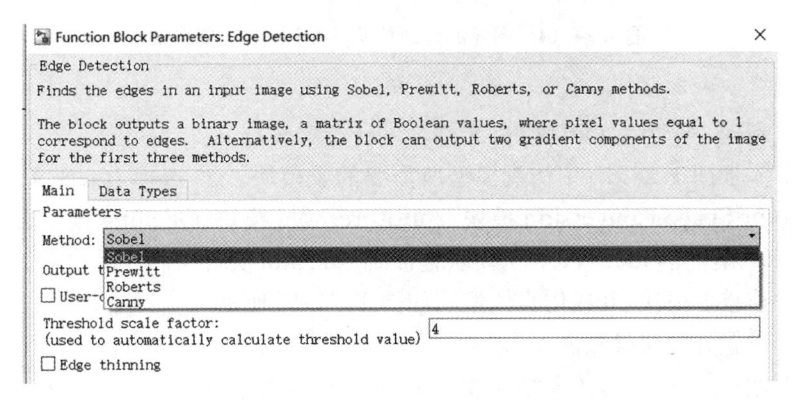

图 1.24.12　Edge Detection 模块

（1）新建一个 tu6.mdl 文件（文件名可自行定义）。

（2）添加图 1.24.13 中仿真模型所需要的子模块。选择 Image From File 模块、Image Data Type Conversion 模块、Color Space Conversion 模块、Video Viewer 模块拖放到 tu6.mdl 文件中相应的位置。

（3）连接各模块，开成仿真模型图如图 1.24.13 所示。

（4）设置各模块参数。

（5）运行仿真系统，仿真结果如图 1.24.14 所示。

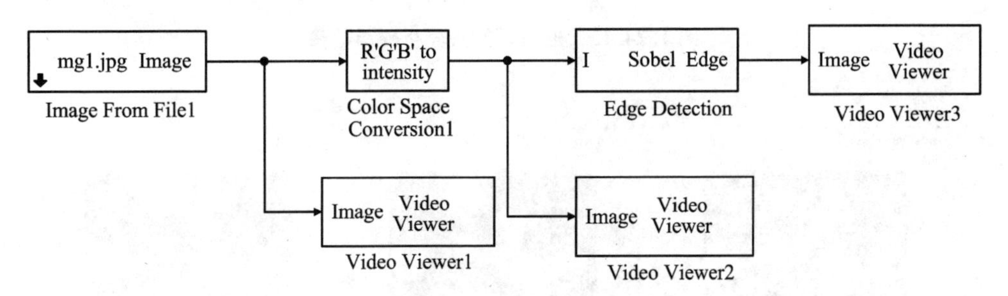

图 1.24.13　图像的边缘检测

7. 形态学方法分析计算一幅硬币图像里的硬币数量

通过 Simulink 实现用形态学方法分析计算一幅硬币图像里的硬币数量，步骤

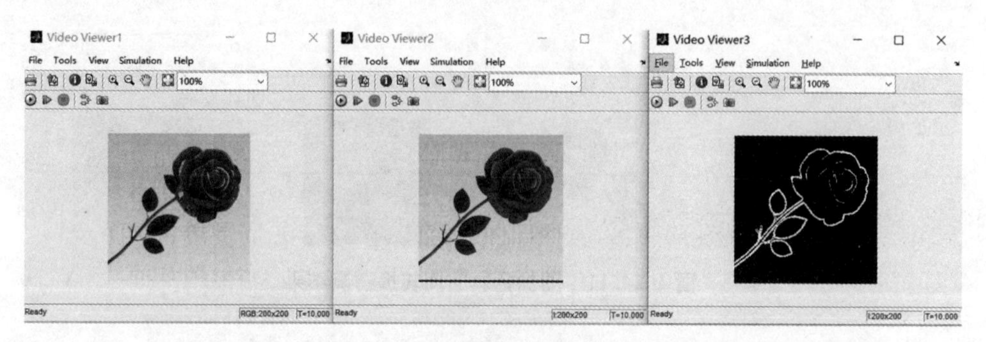

图 1.24.14　图像的边缘检测 Sobel 算法仿真结果

如下：

(1) 新建一个 tu7.mdl 文件(文件名可自行定义)。

(2) 添加图 1.24.15 中仿真模型所需要的子模块。① 选择 Image From File 模块、Color Space Conversion 模块、Autothreshold 模块、Opening 模块、Label 模块、Display 模块、Video Viewer 模块拖放到 tu7.mdl 文件中相应的位置。

(3) 连接各模块,开成仿真模型图如图 1.24.15 所示。

(4) 设置各模块参数。

(5) 运行仿真系统,仿真结果如图 1.24.16 所示。

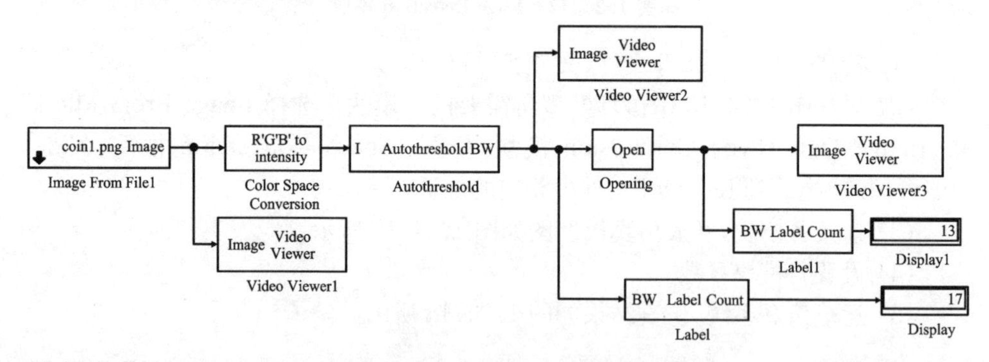

图 1.24.15　形态学方法分析硬币数量

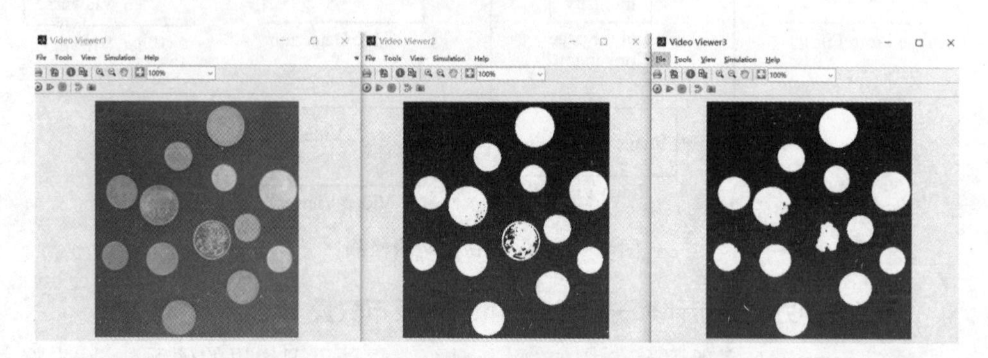

图 1.24.16　形态学方法分析硬币数量仿真结果

【实验内容】

1. 完成实验原理中的模型图,并观察输入和输出图形。
2. 对图像进行旋转和缩放,模型图自行建立。
3. 对图像进行膨胀和腐蚀,模型图自行建立。
4. 对图形进行缩放后,进行边缘检测,模型图自行建立。

【思考题】

1. Imag From File 能读取哪些格式的图像?
2. 边缘检测算法中,Sobel、Canny、Sobel、Prewitt 各有什么优缺点?
3. 分析形态学方法分析计算一幅硬币图像里的硬币数量的误差原因。

实验 25　正交相移键控(QPSK)的调制解调设计

【设计目的】

通过利用 Simulink 设计一个 QPSK 调制与解调系统，掌握 QPSK 调制与解调的原理，提高通信系统仿真的设计能力，提高学生的科技论文写作能力。

【设计要求】

利用所学通信知识，设计并仿真如图 1.25.1 所示的 QPSK 通信系统。

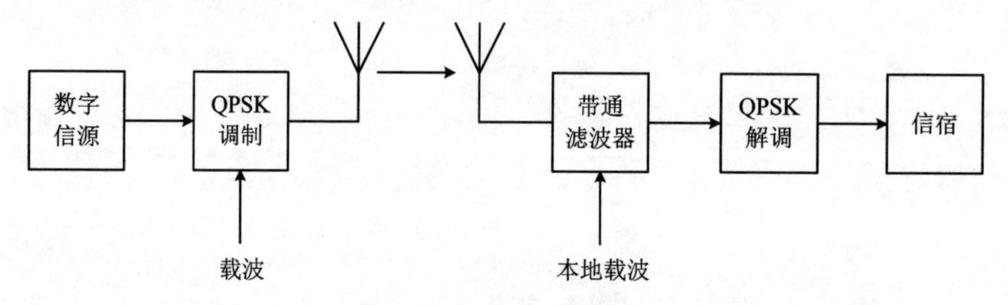

图 1.25.1　QPSK 通信系统

1. 用随机序列作为实验系统的信号源(码元速率自行定义)。
2. 载波频率自定。
3. 在信道中加入噪声信号，对完成的系统进行性能仿真，计算误码率，分析其输出性能。

【报告要求】

打印设计报告，内容包括：

1. QPSK 调制与解调系统的基本原理。
2. 仿真系统的模型图以及每个模块的参数及其作用。
3. 仿真系统参数改变时，给仿真结果带来的影响(如高斯白噪声信道的信噪比的变化,引起误码率的变化)。

4. 仿真的结果(输入输出波形图,不同信噪比下的误码率)。

【参考内容】

QPSK 信号的正弦载波有 4 个可能的离散相位状态,每个载波相位携带两个二进制符号。QPSK 调制框图如图 1.25.2 所示。

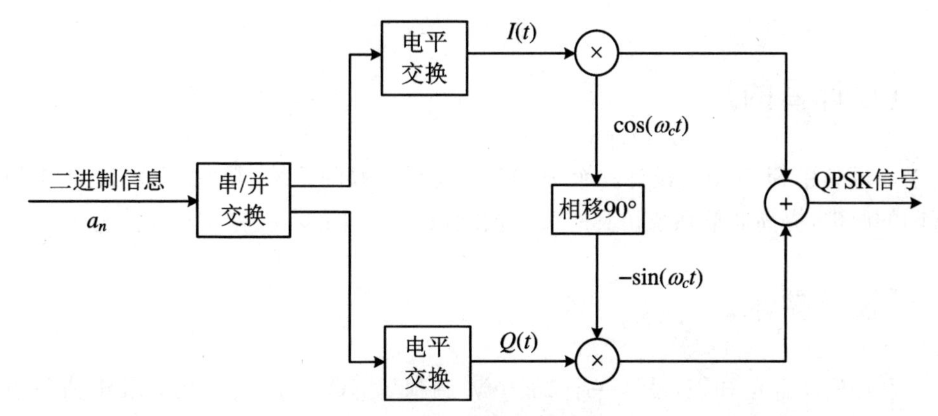

图 1.25.2　QPSK 调制框图

QPSK 解调原理框图如图 1.25.3 所示。

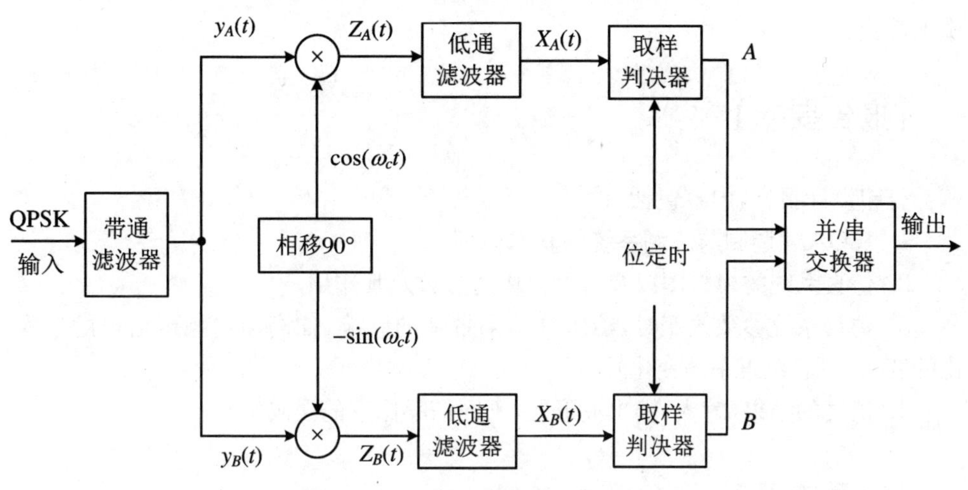

图 1.25.3　QPSK 解调原理原理框图

实验 26　正交幅度(16QAM)调制与解调设计

【设计目的】

通过利用 Simulink 设计一个 16QAM 调制与解调系统，掌握 16QAM 调制与解调的原理，提高通信系统仿真的设计技能，提高学生的科技论文写作能力。

【设计要求】

利用所学通信知识，设计一个 16QAM 调制与解调系统，并用 Simulink 进行仿真和分析。

1. 用随机序列作为实验系统的信号源(码元速率自行定义)。
2. 在信道中加入噪声信号，对完成的系统进行性能仿真，计算误码率，分析其输出性能。

【报告要求】

打印设计报告，内容包括：

1. 16QAM 调制与解调系统的基本原理。
2. 仿真系统的模型图以及每个模块的参数及其作用。
3. 仿真系统参数改变时，给仿真结果带来的影响(如高斯白噪声信道的信噪比的变化，引起误码率的变化)。
4. 仿真的结果(输入、输出波形图，不同信噪比下的误码率)。

【参考内容】

16QAM 信号采取正交相干解调的方法解调(图 1.26.1)，解调器首先对收到的 16QAM 信号进行正交相干解调，一路与 $\cos(\omega_c t)$相乘，一路与 $\sin(\omega_c t)$相乘。然后经过低通滤波器，获得有用信号，低通滤波器 LPF 输出经抽样判决可恢复出电平信号。16QAM 正交相干解调原理框图如图 1.26.2 所示。

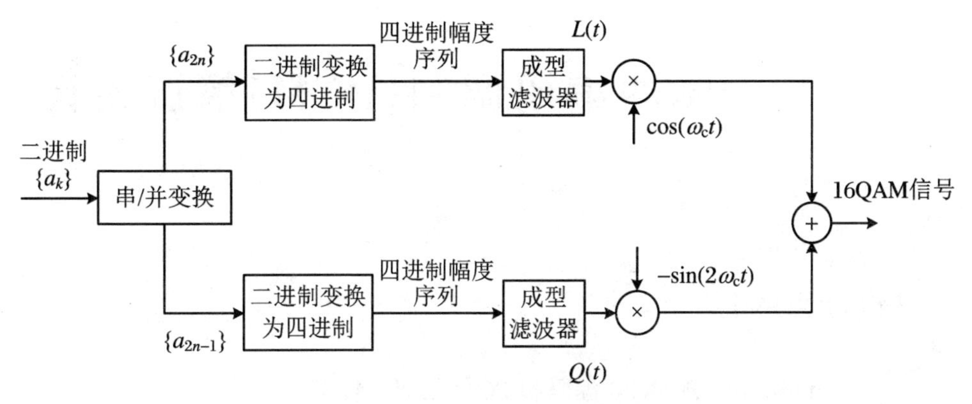

图 1.26.1　16QAM 正交调幅法的调制框图

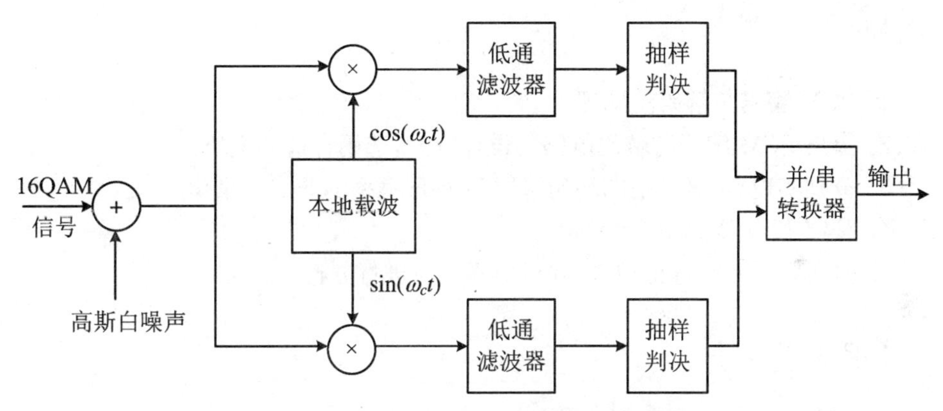

图 1.26.2　16QAM 正交相干解调原理框图

实验 27　脉冲编码调制(PCM)解调设计

【设计目的】

通过 Simulink,实现 PCM 编码和 PCM 解码过程。

【设计要求】

1. PCM 编码与解码的原理。
2. 提出 PCM 编码与解码电路的设计方案,选用合适的模块。
3. 分别实现 64 级电平的均匀量化和 A 压缩率的非均匀量化。
4. 按照 13 折线 A 律特性编码。
5. 对所设计系统进行仿真,并对仿真结果进行分析。

【报告要求】

打印设计报告,内容包括:
1. PCM 通信系统的基本原理。
2. 仿真系统的模型图以及每个模块的参数及其作用。
3. 仿真的结果(抽样、量化、编码的时域波形图)。

【参考内容】

常使用 13 折线法编码,采用非均匀量化 PCM 编码,如图 1.27.1 所示。

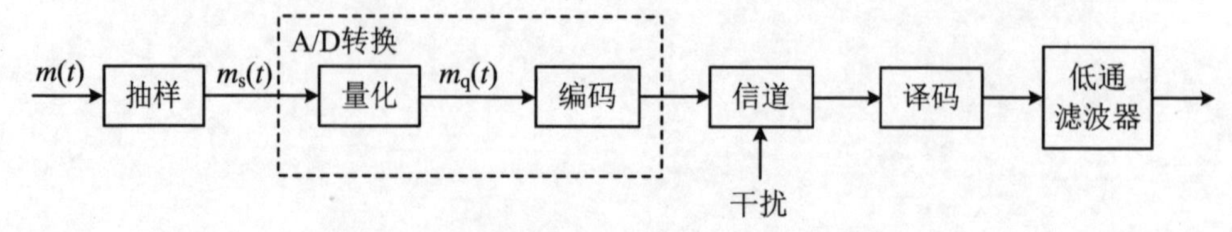

图 1.27.1　PCM 原理框图

实验 28　基于 Simulink 的语音通信调制解调系统设计

【设计目的】

采用 Simulink 实现语音通信的调制解调功能。

【设计要求】

利用所学通信知识，设计并仿真如图 1.28.1 所示的语音通信系统。

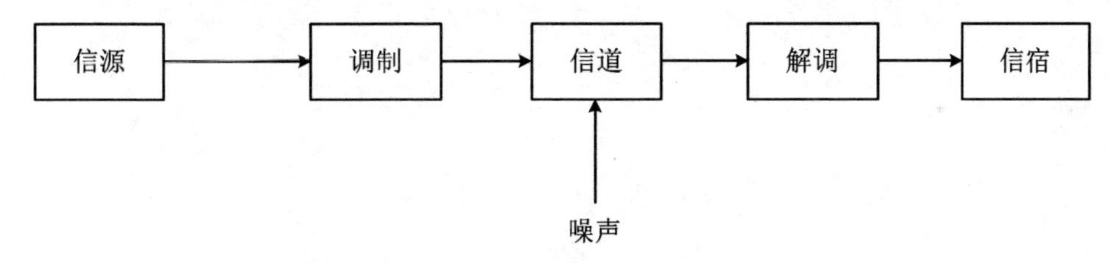

图 1.28.1　语音通信系统框图

1. 自行录制一段语音信号，时间不得少于 10 s。
2. 调制与解调方式自选。
3. 在信道中加入噪声信号，对完成的系统进行性能仿真，分析其输出性能。
4. 观察原始语音信号、已调信号、解调信号的时域波形图和频谱图。

【报告要求】

打印设计报告，内容包括：

1. 语音通信系统的基本原理。
2. 仿真系统的模型图以及每个模块的参数及其作用。
3. 仿真的结果(原始语音信号、已调信号、解调信号的时域波形图和频谱图)。

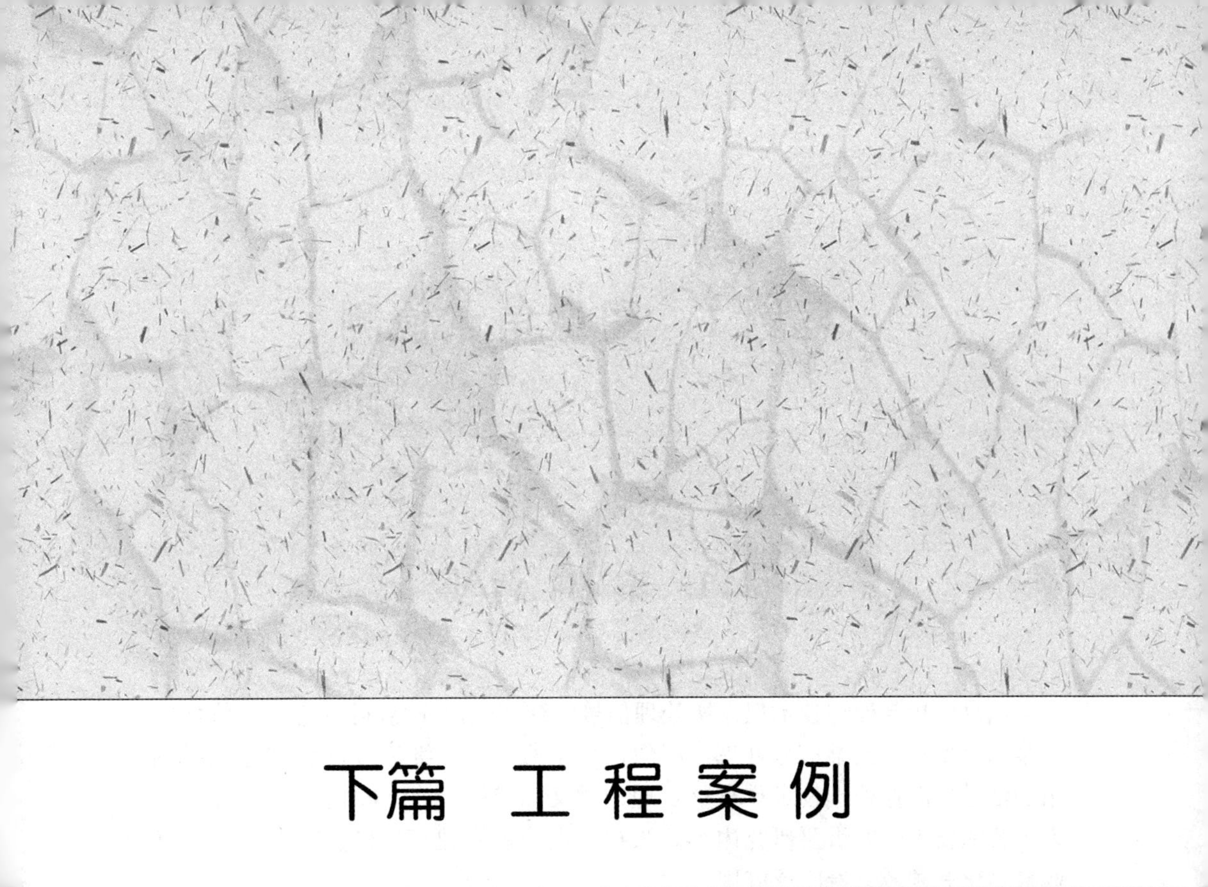

下篇　工程案例

案例1　图像角点检测

1.1　案例背景

信息分析与处理技术根据所处理信号的维度进行分类,可分为一维信号处理、二维信号处理和高维信号处理。图像信号是典型的二维信号,也是生活中非常常用的信号。图像处理技术具有重要理论意义和应用价值,同时也是计算机视觉和人工智能技术中的重要研究内容。该技术在智能驾驶、卫星遥感、农业、军事和工业自动化等领域有着广泛应用。

图像特征提取是数字图像处理的基础和关键步骤,图像角点和边缘等特征包含了丰富的信息,可在图像处理的过程中提供足够的约束条件,从而极大减少图像运算的复杂度,提高计算速度和系统运行效率。图像中的角点保留了图像中物体的一些重要局部特征[1],是描述物体特征的关键信息,是目标检测、目标跟踪、图像分类等复杂应用的预处理步骤。[2]图像角点检测的质量直接影响后续图像处理步骤的效果,因此,图像角点检测在计算机视觉与图像处理领域中有着非常重要的作用。[3]图像角点检测方法有很多种,本案例主要介绍常用的一种基于 Harris 方法的图像角点检测。

1.2　工作原理

1.2.1　图像角点的定义

图像角点又可简称为像素兴趣三角点[4],是一个像素三角点在其邻域内的各个像素方向上不随灰度阈值变化的矢量值,且其值大于灰度阈值的一个点。它是一种重要的二维图像结构特征点,包含了一维图像中丰富的二维图像结构特征信息，广泛应用于各种类型图像信息处理技术中。角点最大的优点是它所代表的一个局部物体结构及其关联信息，通常不会因为物体视角的不同而发生改变，这在三维物体图像识别技术上非常有用。此外，角度位点类型特征，也常用在中文汉字类型识别、染色体类型识别等多种应用检测系统中。

1.2.2　Harris 角点检测算法

Harris 角点检测算法可以展现所有小方向的偏移[5]，其在各个方向的计算公式为

$$
\begin{aligned}
E_{x,y} &= \sum_{u,v} w_{u,v}[I(x+u,v+y)-I(u,v)]^2 \\
&= \sum_{u,v} w_{u,v}[xX+yY+o(x^2+y^2)]^2
\end{aligned} \tag{2.1.1}
$$

其中，$I(x,y)$表示照相中像素，而(x,y)表示灰度的变化，u、v 表示像素点x、y 方向上的变化量，即

$$
X=\frac{\partial I}{\partial x}=I\otimes(-1,0,1),\quad Y=\frac{\partial I}{\partial y}=I\otimes(-1,0,1)^{\mathrm{T}} \tag{2.1.2}
$$

针对较小的变化，E 可以简化为$E_{x,y}=Ax^2+2Cxy+By^2$，式中

$$
A=X^2\otimes w,\quad B=Y^2\otimes w,\quad C=(XY)\otimes w \tag{2.1.3}
$$

为了更好地减少噪声的影响，Harris 角点检测使用了高斯窗口 $w_{u,v}$进行降噪，其中满足

$$
w_{u,v}=\exp\left[-\frac{(u^2+v^2)}{2\sigma^2}\right] \tag{2.1.4}
$$

Harris 角点检测的区域变化式 E 通过矩阵形式表达为$E_{x,y}=(x,y)\boldsymbol{M}(x,y)^{\mathrm{T}}$，其中

$$
\boldsymbol{M}=\begin{bmatrix} A & C \\ C & B \end{bmatrix} \tag{2.1.5}
$$

由式(2.1.5)知，区域变化 E 的特征矩阵为矩阵$\boldsymbol{M}$，设 $\boldsymbol{M}$ 的两个特征值为λ_1，λ_2。为了计算简单，可采用响应函数避开矩阵特征值的求解，定义如下：

$$
C(x,y)=\det(\boldsymbol{M})-k(\operatorname{trace}(\boldsymbol{M}))^2 \tag{2.1.6}
$$

式中，$\det(\boldsymbol{M})=\lambda_1\lambda_2=AB-C^2$，$\operatorname{trace}(\boldsymbol{M})=\lambda_1+\lambda_2=A+B$，$k$ 为一常量。当角点检测的响应函数 $C(x,y)$的值很小时，则可以认为该检测点在区域的内部，即在灰度量的变化比较平坦的区域，当该检测点为角点时，$C(x,y)$大于阈值 T，$C(x,y)$为小于零的值时，则认为该点是边缘的点。

1.3 角点检测结果

Harris 角点检测算法具有效率高、重复性好等特点，因此在各类图像处理场景中应用常广泛。Harris 角点检测程序流程图如图 2.1.1 所示。

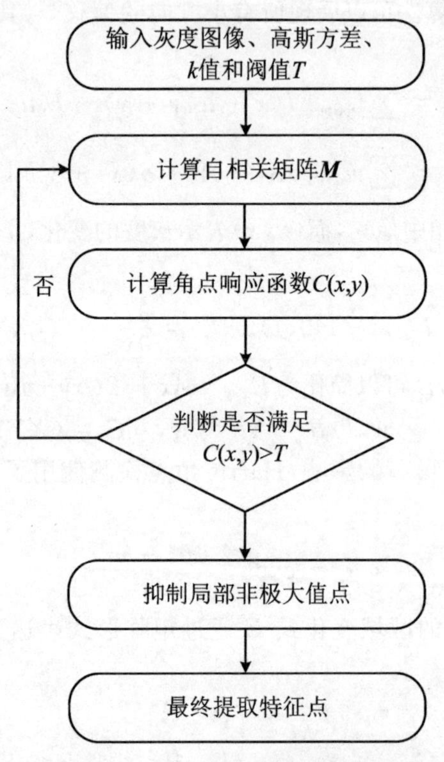

图 2.1.1 Harris 角点检测流程图

首先选取一张小汽车图像为例进行图像角点检测，原图如图 2.1.2 所示，图像角点检测结果如图 2.1.3 所示。

综上所述，利用 Harris 算子可以快速检测到图像中的角点，首先分别求出图像在两个不同方向上的应力梯度数和乘积，并进行高斯加权。然后求出每个像素的 Harris 响应值，通过令小于阀值的响应值为零，从而抑制图像中三个邻域的非最大值，并使用最大值点表示局部偏移点，最后记录下角点在原图像中的位置，即图像角点所在位置。这些图像角点作为图像中重要的特征点，可作为进一步分析图像边缘、纹理、识别物体类别和状态的重要依据，在图像处理中被广泛使用。

图 2.1.2 实验原图

图 2.1.3 Harris 图像角点检测结果

1.4 案例小结

本案例通过图像角点检测，让读者初步了解图像处理技术，案例 2 和案例 3 将介绍另外两种非常实用的图像处理技术，读者可从这些案例中感受图像处理技术的作用和魅力。

图像处理技术是机器获取信息、表达信息和传递信息的重要手段,是人工智能的重要研究方向。随着科技的发展和智能时代的到来,人工智能已经在各个领域逐渐融入人们的生活,并改变着人们的生活。科技是强固之利器,新时代、新形式和新任务要求青年朋友们在科技创新方面要有新理念、新战略、新思维,希望青年朋友们能够刻苦学习、勇攀高峰,为中国科技的发展贡献自己的力量。

参考文献

[1] 赵振刚.图像角点检测算法的研究[D].西安:西安电子科技大学,2020.

[2] 吴元伟,朱建公,廖璇,等.基于 Harris-SIFT 算法的缝料视觉定位系统[J].计算机测量与控制,2021,29(03):203-208.

[3] 郑坤,姜文正,卢晓,等.基于双目立体视觉的海浪波面三维重建技术[J].科学技术与工程,2021,21(06):2392-2396.

[4] 于微波,王国秀,李岩,等.基于 Harris 度量的轮廓尖锐度 CDA 优化算法[J].广西大学学报(自然科学版),2021,46(01):98-106.

[5] 苗荣慧,杨华,武锦龙,等.图像块改进 Harris 角点检测的农田图像拼接[J].现代电子技术,2021,44(02):75-80.

案例2　图像分割技术

2.1　案例背景

图像分割是图像处理技术中的研究热点之一，其主要工作是从复杂背景中把目标对象准确提取出来，同时图像分割也是图像分析的关键步骤，是更进一步分析理解图像的基础，图像分割的好坏程度将直接影响后续工作的进行。

随着数字图像处理技术的广泛应用和高分辨率影像技术的发展，待处理的图像也发生了很大变化，这对图像分割的质量提出了更高的要求，这些因素推动着图像分割技术的进步，使其向着更广、更深的方向发展。另外，新理论、新知识、飞速发展的科学技术，很大程度上给图像处理的研究增添了动力，给研究图像分割技术奠定了良好的基础。

2.2　工作原理

图像分割即是把图像分成若干个特定的、具有独特性质的区域并提出感兴趣目标的技术和过程。[1]

正式"集合"定义：令集合 R 代表整个图像区域，对于 R 的分割可以看成把 R 分成若干个满足以下五个条件的非空子集(子区域)：

(1) $\bigcup_{i=1}^{n} R_i = R$(分割所得的全部子区域的总和(并集)应该能够包括图像中所有像素或将图像中的每个像素都划分进一个子区中)；

(2) 对于所有的 i 和 j，有 $R_i \cap R_j = \varnothing (i \neq j)$(各子区互相不重叠)；

(3) 对于 $i = 1,2,3,\cdots,n$，有 $P(R_i) = \text{TRUE}$(属于同一子区的像素应该具有某些共同的特性)；

(4) 对于 $i \neq j$，有 $P(R_i \cup R_j) = \text{FALSE}$(属于不同子区域的像素应该具有某些不同的特性)；

(5) 对于 $i=1,2,\cdots,n$, R_i 是连通区域(同一子区域内的像素应当是连通的)。

以上定义对图像分割有着很好的指导作用。条件(1)与条件(2)说明了正确的分割准则应适用于全部的区域和全部的像素,条件(3)与条件(4)说明了合理的分割准则应能帮助确定各个的区域像素有代表性的特性,然而条件(5)说明了分割准则对区域内像素的连通性应当间接或者直接地有一定的限定或者要求。最后,图像分割不仅仅要将一幅图像分割成为满足上面的五个条件的各具特性的区域,也应将其中那些感兴趣的目标区域提取出来。下面详细介绍本案例所用的图像分割方法。

2.2.1 基于边缘检测的图像分割

图像边缘是指其周围的像素灰度有阶跃变化或"屋顶"变化的那些像素集合,这种不连续像素灰度常常可用求导数来检测。图像边缘广泛存在于物体与物体之间、物体与背景之间[2],是图像分割所依赖的重要特征之一。

经典的边缘检测法通过考察图像中每一个像素于某一个邻域内灰度的变化情况,利用边缘邻近一阶或者二阶方向导数的变化规律来检测图像边缘,这类方法也称为边缘检测局部算子。边缘检测算子会检查每一个像素的邻域并且量化灰度的变化率,也包括确定方向。传统的边缘检测算法是通过梯度算子来实现的,在求边缘的梯度时,需对每个像素的位置进行计算。下面介绍几种经典的梯度算子。

(1) Log 算子:它是 Laplacian-Gauss 算子的结合体,将 Gauss 平滑滤波器与 Laplacian 锐化滤波器结合了起来,先平滑掉了噪声,再进行边缘检测。该算子在抑制噪声的时候,也可能会把原来有的较尖锐的边缘平滑掉,这就造成了这些尖锐的边缘没有办法被检测到。

(2) Canny 算子:在噪声抑制和边缘检测之间寻求较好的平衡,Canny 边缘检测利用高斯函数的一阶微分,它的表达式近似于高斯函数的一阶导数。对于受加性噪声影响的边缘检测,Canny 边缘检测算子是最优的。该算子有比较强的抑制噪声的能力,但也可能会造成边缘丢失。

(3) Prewitt 算子:它是从加大边缘检测算子的模板大小出发,由 2×2 扩大到 3×3 来计算差分算子。此算子不仅能够检测边缘点,而且能够抑制噪声的影响。该算子是先对图像先做加权平滑处理,然后再做微分运算,对于噪声有一定的抑制能力,但是不能够完全排除虚假边缘。

以上介绍的各种算子都有着各的特点和应用领域,在许多的情况下需要综合考虑。

通常边缘检测算法有四个步骤:滤波、增强、检测、定位。要做好边缘检测,首先要弄清楚待检测图像特性的变化形式,从而采用适应这种变化的检测方法。其次要考虑噪声影响,其中一个办法就是滤除噪声。最后在正确检测边缘的基础上还需考虑精确定位问题。

2.2.2　基于阈值法的图像分割

阈值分割法是利用一个或几个阈值把图像的直方图分成为几类,在同一个灰度类内的像素属于同一个类,其过程就是选取一个灰度值(阈值),用来区分不同的类,它可分为局部阈值分割和全局阈值分割。所谓的局部阈值分割就是根据图像中不同区域获得的对应不同区域的阈值,运用这些阈值对各个区域进行分割,也即一个阈值对应着一个子区域,这种方法也被称作适应阈值分割。而全局阈值分割就是利用整幅图像的信息来获得分割所要的阈值,并根据该阈值对整幅图像进行分割。阈值法是一种简单且有效的方法,尤其是对于不同的物体或结构之间有相当大的强度对比时,能够得到非常好的效果。下面介绍几种阈值的选择方法。

1. 全局阈值法

(1) 迭代法

① 求出图像的最小灰度值与最大灰度值,分别把它们记为 Min 与 Max,取初始阈值为 $T_k = (\mathrm{Max} + \mathrm{Min})/2$,依据阈值 T_k 把图像分割成为背景与前景,然后再分别来求出二者的平均灰度值 Z_b 和 Z_0;

② 求出阈值 $T_{k+1} = (Z_0 + Z_b)/2$;

③ 若 $T_k = T_k + 1$,则所得出来也就是阈值,否则就转移到②进行迭代计算。

(2) 灰度直方图变换法

该方法不是直接选取阈值,而是对灰度直方图来进行变换,使其有更尖的波峰和更深的波谷,然后再用双峰法来得到最优阈值。该方法假设图像由背景和目标组成,并且背景和目标的灰度直方图都是单峰分布。

2. 局部阈值法

将原始的图像划分为几个子图像,然后再对每个子图像分别求最优分割阈值,具体有自适应阈值法和多阈值分割法。

(1) 自适应阈值法

通常在图像中不同区域里的背景和物体的对比度也不尽相同,此时一个在图像中某一区域效果良好的阈值可能在其他区域效果并不好。此外,当图像中有阴影、突发噪声、背景灰度变化、对比度不均或照度不均等情况时,只利用一个固定之阈值来给整幅的图像进行阈值化处理,就会因为不能够兼顾到图像各处的情况而致使分割效果受到影响。这些情况下不应再选取固定阈值,而是根据不同区域的特点自适应地调整阈值,这便是自适应阈值法。

具体做法是对原始的图像分块,对每块区域选取出局部阈值,各子区域阈值的计算皆独立进行,相邻子区域边界之处的阈值会有所突变,因此应该采用适当的平滑技术来消除此种不连续性，子区域间的相互交叠也会有利于减少这种不连续性。总之，这类算法的空间和时间的复杂度都较大，但抗噪能力强，对于一些使用全局阈值法而不宜分割的图像具有比较好的分割效果。

(2) 多阈值分割法

多阈值分割是依据不同区域的特点来分割出多个目标对象，需要用到多个阈值才能够把它们分割开，这即是多阈值分割。在实际应用中，由于噪声等干扰因素的存在，直方图有时候不能够呈现出明显的峰值，这时候选择的阈值就不能够取得满意的结果；此外一个阈值的确定主要依赖于灰度直方图，较少考虑图像中像素的空间位置关系，所以当背景复杂，尤其是在同一个背景上重叠出现了若干个分割目标时，就容易丧失部分边界信息，造成图像分割不完整。

2.2.3 基于分水岭法的图像分割

分水岭算法是根据分水岭的构成来考虑图像的分割。[3] 现实中我们可以想象有山有湖的景象，那么一定是水绕山、山围水的情形。分水岭分割算法的原理是把图像看成高低不同的地貌模型，把地形中的海拔看成图像的每一个像素的灰度值，把均匀灰度值的局部极小区域看成盆地，把其最低处穿孔，让水缓慢均匀侵入各孔，直到盆地被填满的时候，在某两个或者多个盆地间建大坝。[4] 水位一直上升，各个盆地最终完全被水淹没，只剩下还没有被淹没的各个大坝，并且各个盆地同时并完全被大坝包围住，以便得到各个大坝(即分水岭)与各个被大坝分开的盆地(即目标物体)，最终来达到分割的目的。

2.3 实验结果

2.3.1 融合边缘检测和阈值法的图像分割

其详细步骤如下：

(1) 对彩色的图像进行灰度处理。

(2) 采用全局阈值法对图像进行预处理，用全局阈值法区分图像中的目标和背景。

(3) 采用边缘检测法对图像进行分割。

本案例采用的是迭代法寻找最优的阈值，所得到的阈值能够区分出图像背景和前景的主要区域，该方法对背景和目标的灰度差异较大的图像效果较好。[5] 灰度直方图如图 2.2.1 所示,灰度图如图 2.2.2 所示,迭代法所得到的阈值分割图如图 2.2.3 所示。

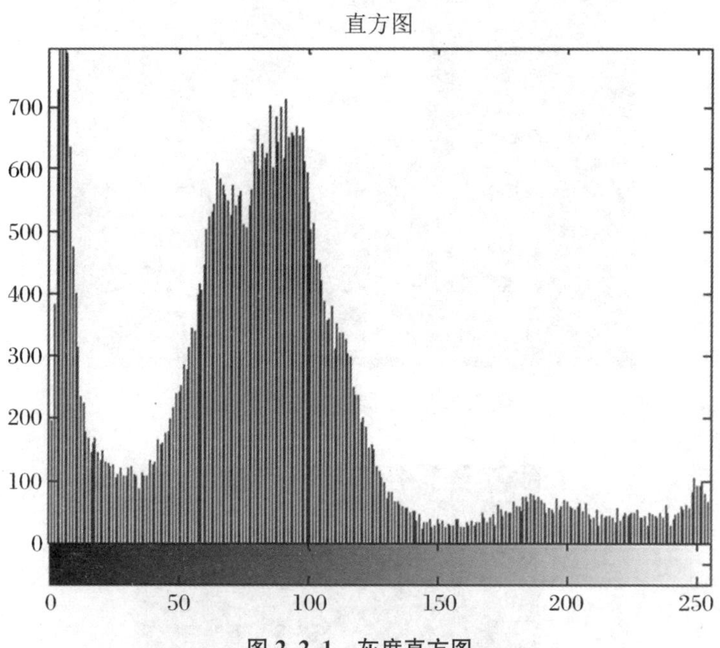

图 2.2.1 灰度直方图

图 2.2.2 灰度图像

从灰度直方图 2.2.1 和灰度图 2.2.2 可以看出,该幅图像背景和目标的灰度差异较大,且其灰度直方图 2.2.1 的波峰明显,符合迭代法的使用条件。从效果图 2.2.3 可以看出,用迭代法所得到的阈值分割图的失真度非常低,基本保持了原图的轮廓。

本案例共测试了三种算子对图像进行分割的效果,分别是 Prewitt 算子、

Canny 算子和 Log 算子，不同算子分割后的图像如图 2.2.4 所示。

图 2.2.3　全局阈值化后的图像

(a) Canny算子分割效果图

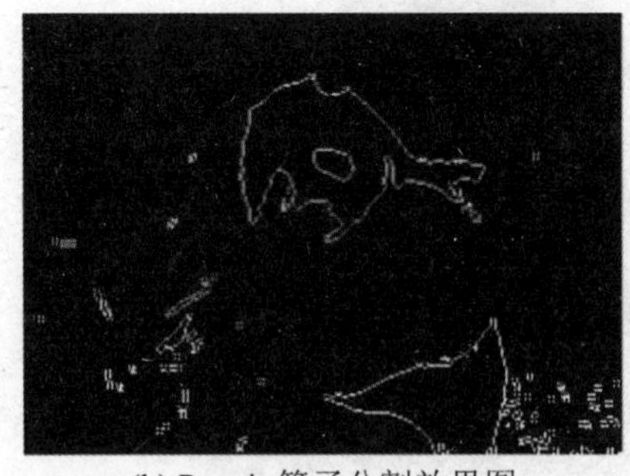

(b) Prewitt算子分割效果图

(c) Log算子分割效果图

图 2.2.4　不同算子分割后的图像

对比三种算子所得的实验结果，Canny 算子的效果最好，边缘信息丰富，基本上保留了边缘所有的边缘点，且边缘清晰，连续性好。把 Canny 算子分割之后的图像作为边缘检测之后的图像，再把这个图像分割成为四个小图像，每个图像的直方图如图 2.2.5 所示。

再把边缘分割之后的图像再进行分割后，得到四块小图像，从图 2.2.5 可以看

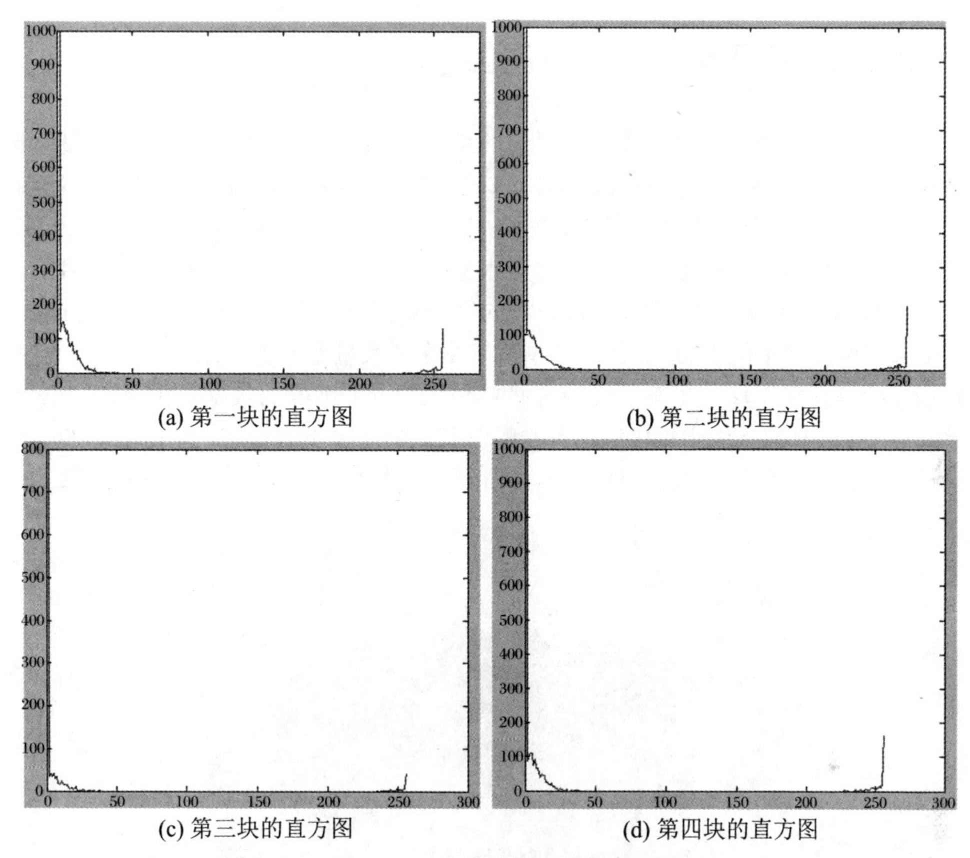

(a) 第一块的直方图　(b) 第二块的直方图

(c) 第三块的直方图　(d) 第四块的直方图

图 2.2.5　各分块图像的直方图

出，这四块小图像的灰度直方图皆有着非常明显的双峰，但由于波谷宽阔而且平坦，不满足使用双峰法的条件，因此在对于不同的图像进行阈值化时，采用的是全局阈值法里的迭代法，即是把 Canny 算子分割之后的图像再继续为分割成四个小块，对四小块图像使用迭代法来求出阈值，然后再把阈值化之后的图像合并起来。从图 2.2.6 可以看出，在对局部进行阈值化之后，一些细微的地方边缘更加细化平滑。

图 2.2.6　局部阈值化后的图像

2.3.2 基于分水岭法的图像分割

图 2.2.7 是依据分水岭法分割得到的结果，因为在图像之中的物体与目标皆是连接到一起的，所以分割较难，由图 2.2.7(b)、(c)能够看出，这种算法能够达到较好的效果，且对微弱边缘有着良好的响应。在图 2.2.7(a)中所显示的封闭集水盆就是使用分水岭算法得到的。封闭集水盆为分析图像的区域特征提供了可能。然而从图 2.2.7(b)、(c)能够看出，分割的结果有过分割现象，这主要是因为图像之中存在许多极小值点，致使分割结果被淹没在了大量不相关的结果之中，从而使分割之结果存在失真。此外，图像之中的物体表面上的细微的灰度变化、噪声，也会导致过度分割现象。由于直接应用分水岭分割法的效果不太理想，若在图像中对背景对象和前景对象分别进行标注区别，再用分水岭算法便能达到较好的分割效果。

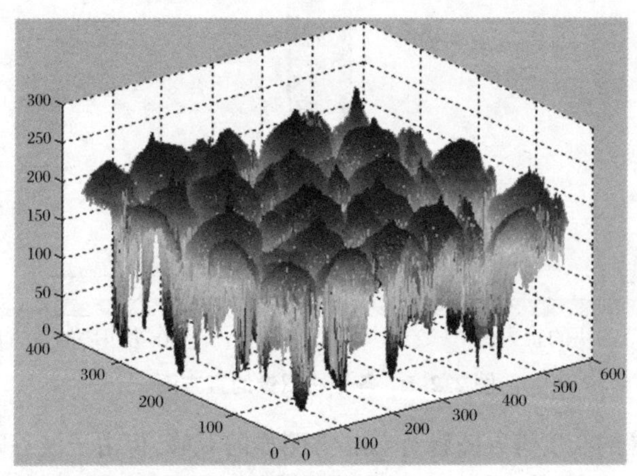

(a) 积水盆地

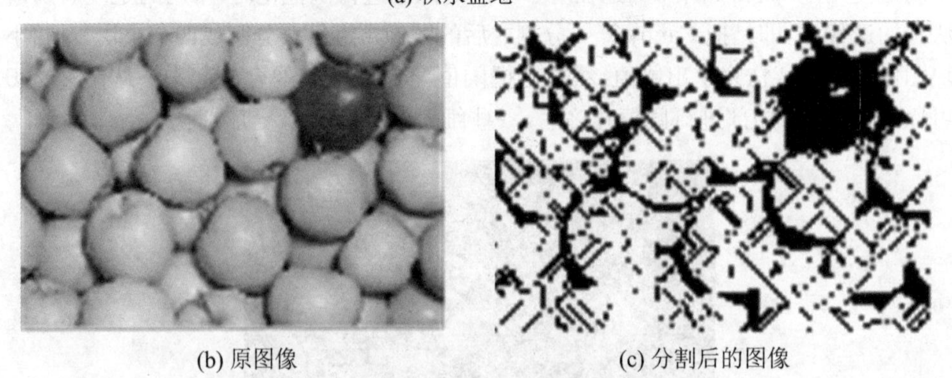

(b) 原图像　　(c) 分割后的图像

图 2.2.7　分水岭法分割图像

(1) 求取图像边界

首先读取一幅图像，并且将此彩色图像转化为灰度图像，如图 2.2.8 所示；其次给图像用 Sobel 算子作垂直、水平两个方向的滤波;最后求取模值如图 2.2.9 所示。滤波之后的图像在边界处将会有较大的灰度值,而无边界处的灰度值则较小。

图 2.2.8 灰度图像

图 2.2.9 梯度图像

(2) 梯度模值分水岭法

如图 2.2.10 所示,直接用梯度模值分水岭法容易出现过分割现象。因此可对背景对象和前景对象来分别进行标记,以便能够得到更加好的分割效果。

(3) 对前景与背景标记

这里用形态学重建技术给前景对象进行标记,先对图像进行开操作,以平滑图像轮廓,开操作后的结果如图 2.2.11(a)所示。也可首先对图像进行腐蚀操作,然后再对图像来进行形态学重建,运用此种方法所处理的图像如图 2.2.11(b)所示。

然后再对上述图像进行关操作来填补轮廓中的缝隙、平滑图像轮廓,结果如图 2.2.12(a)所示。另外一种方法则是对图像进行腐蚀,在重建之前需要对图像求反,进行形态学重建,之后又进行一次求反,重建后图像如图 2.2.12(b)所示。

通过对比上面两幅图像,基于重建的开关操作在去除小的污点时要比通常的开关操作更加有效,且将不会影响图像轮廓,所以计算图 2.2.12(b)的局部极大值

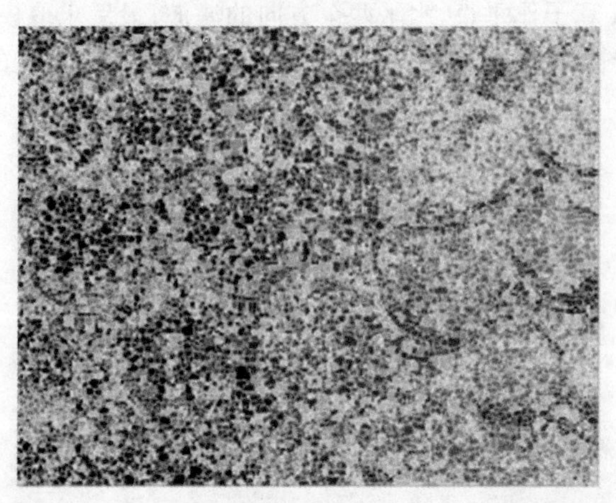

图 2.2.10　直接对梯度图像进行分水岭分割的结果

(a) 开操作后的图像

(b) 重建后的图像

图 2.2.11　开操作和重建操作的结果对比

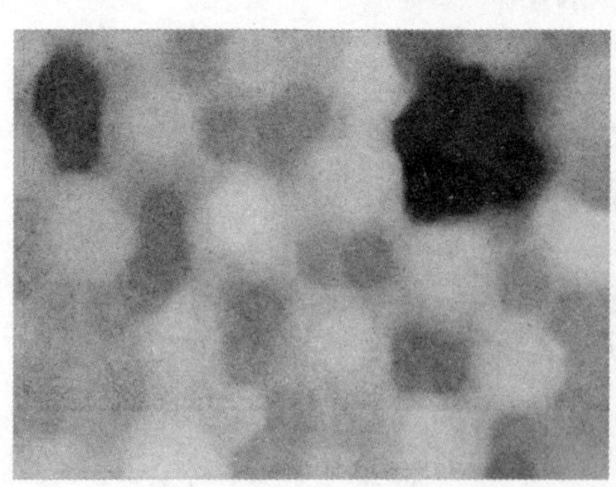

(a) 关操作的图像

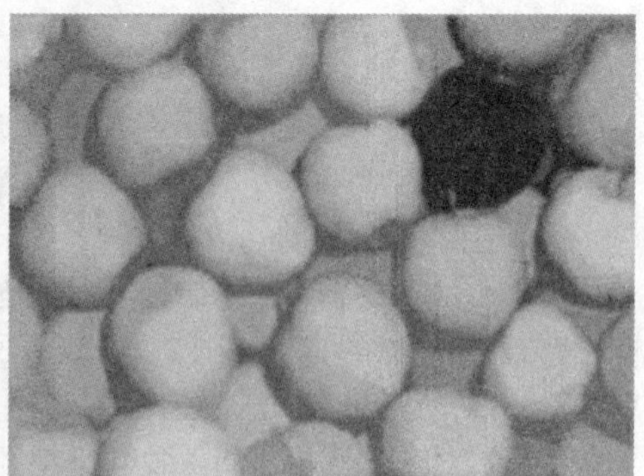

(b) 重建后的图像

图 2.2.12　关操作和重建操作的结果对比

将会达到较好的前景标记，如图 2.2.13 所示。

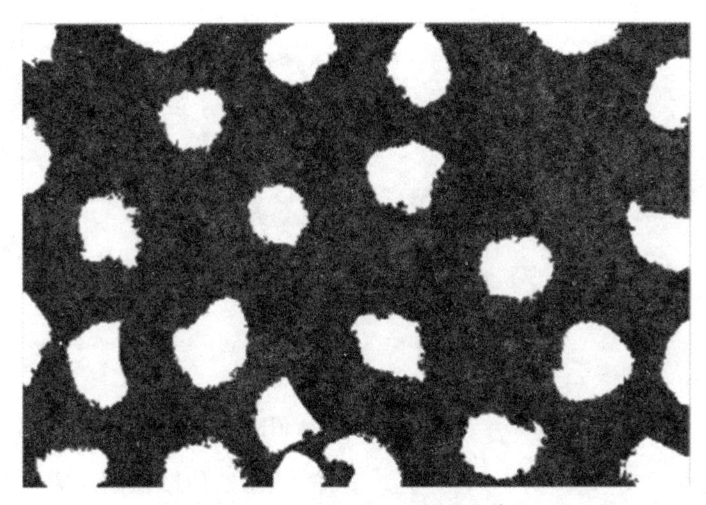

图 2.2.13 求取局部极大值的图像

图 2.2.14 是在原图像基础上，显示出的局部极大值对前景图像进行标记后得到的结果。

图 2.2.14 在原图上显示局部极大值

这个图像之中仍有着一部分目标物体还没能被正确地标记出来，而且其中少部分前景目标已扩展到了边缘部分，所以应当收缩边缘，可以首先给图像来进行关操作，之后再进行腐蚀，像这样就可以达到较为理想的效果。把关操作中产生的一些数量较少的孤立像素点去除，结果如图 2.2.15(a)所示。用淡颜色的值作为背景，使用合适的阈值把图 2.2.12 中重建操作的图像转化成为二值图像，结果如图 2.2.15(b)所示。

(4) 进行分水岭变换

从图 2.2.15 中能够看出，背景像素是黑色的，在理想情况下，因为不希望背景

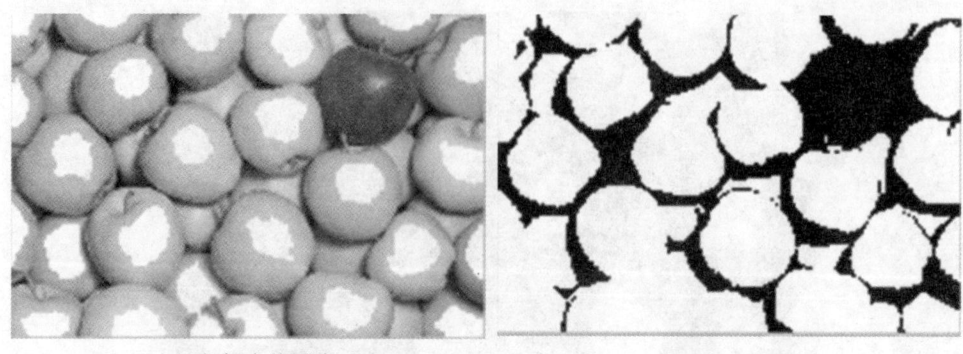

(a) 局部极大值图像　　(b) 二值图像

图 2.2.15　调整后的局部极大值图像和二值图像

标记太靠近目标对象边缘，所以可通过“骨骼化”给二值图像的距离进行分水岭变换，然后再寻找分水岭界限，其界限如图 2.2.16 所示。

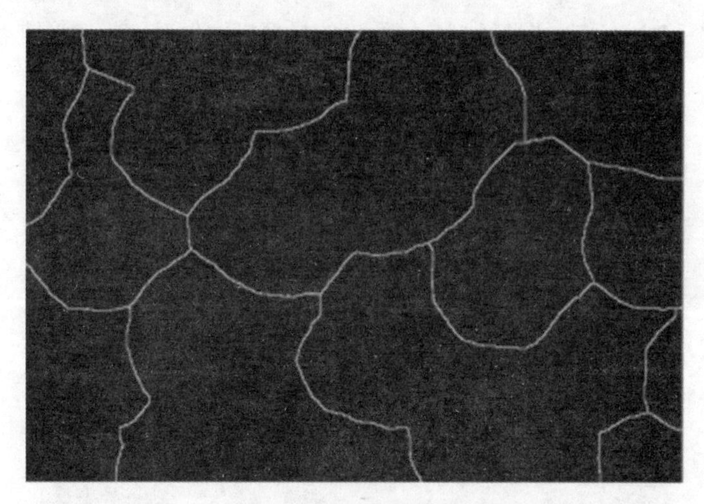

图 2.2.16　分水岭的界限

在原来的图像中分别对背景对象、前景对象和边界分别进行标记。接着对图像进行膨胀操作以便使分割边界显现得更加清楚，结果如图 2.2.17 所示。在该图中能够看出，对背景和前景对象分别进行标记之后，再进行分水岭变换要比直接在梯度模值图像上来进行分水岭变换所得到的效果要好，能够把目标物体连接在一起的图像中的封闭边缘较好地检测出来，对微弱边缘有着良好的响应，且能够有效避免过分割。

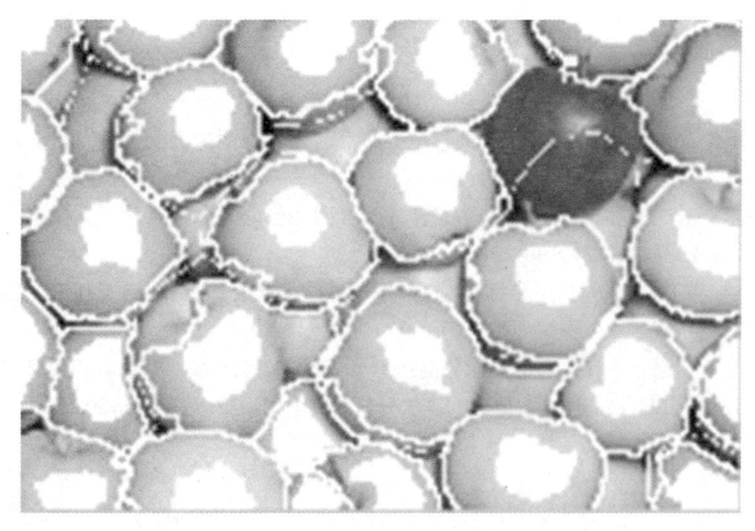

图 2.2.17　图像分割结果

2.4　案 例 小 结

边缘检测法中，由于每种边缘算子的卷积形式不同，对图像灰度变化的敏感程度、分辨率、明暗程度也不同，因此，不同边缘检测算子对于同一幅图像分割出的效果是不同的。阈值分割法的重点是对阈值的选择，该方法的关键是怎样选择最佳的阈值。分水岭法对于微弱的边缘具有良好的响应，可以将目标物体连接在一起的目标图像很好地分割出来。由于图像分割的对象和场景复杂多样，具体应用中还应根据具体情况选择合适的图像分割方法。

图像分割技术应用非常广泛，比如二维码、人脸识别和医学影像分析等技术均用到了图像分割及其他处理技术。这些技术不仅给人们的日常生活带来了便利，在保障人们生命健康方面也起到了重要作用。特别是在疫情期间，二维码技术和医学影像分析技术为人类最终战胜疫情作出了重要贡献。

人类战胜大灾大疫离不开科学技术的发展和创新，人类的发展离不开科学技术的发展和创新，实现中华民族伟大复兴更离不开科学技术的发展和创新。在实现中华民族伟大复兴的历史征程上，迫切需要当代中国青年迎难而上，挺身而出。中国青年要切实担负起时代赋予的责任和使命，自觉培养主动学习钻研的热情，在磨砺中成长，在担当中作为，怀爱国心、立报国志、逐强国梦。

参 考 文 献

[1] 吴涛,王伦武,王伦文,等.一种不同色域空间下的无监督图像分割技术[J].空军工程大学学报(自然科学版),2022,23(01):104-111.

[2] 任维佳,杜玉红,左恒力,等.棉花中异性纤维检测图像分割和边缘检测方法研究进展[J].纺织学报,2021,42(12):196-204.

[3] 荣亚琪.基于常微分方程和标记分水岭算法的细胞图像分割[D].长春:长春工业大学,2022.

[4] 丁一.基于标记分水岭算法的图像分割技术[J].电脑知识与技术,2022,18(23):58-59.

[5] 王慧琴.基于MATLAB的图像分割算法分析[J].中国新技术新产品,2021(19):1-3.

案例 3　图像特效处理

3.1　案 例 背 景

图像特效处理技术是使用计算机来对图像进行一些特殊处理，能有效改善图像视觉效果，优化图像质量，在农业、交通、军事、工业和医学等方面有着广泛应用。一幅图像在形成、传送和处理过程中，经常受到许多因素的干扰，例如各种噪声、图像转换中的信息误差等，致使无法得到理想的图像效果。为了使图像质量达到后续处理的要求，通常可以使用图像特效处理技术来处理。[1]图像特效处理技术包括图像色调调整、滤镜效果、艺术效果、扭曲效果、风格化等。

3.2　工 作 原 理

3.2.1　图像的色调调整

(1) 图像色彩平衡

图像色彩平衡是通过对色彩偏移的图像进行色彩校正，即通过调整图像的 R、G、B 三个分量的强度，恢复图像场景原始颜色特征的技术。[2]基本算法如下：

从图像中选出两点颜色为灰色的点，设为

$$F_1 = (R_1, G_1, B_1), \quad F_2 = (R_2, G_2, B_2) \tag{2.3.1}$$

让 G 作为分量基准，匹配 R 和 B 分量，得到

$$F_1^* = (G_1, G_1, G_1), \quad F_2^* = (G_2, G_2, G_2) \tag{2.3.2}$$

计算 R 和 B 分量的线性变换。由 $R_1^* = k_1 R_1 + k_2$ 和 $R_2^* = k_1 R_2 + k_2$ 求出 k_1 和 k_2；由 $B_1^* = l_1 B_1 + l_2$ 和 $B_2^* = l_1 B_2 + l_2$ 求出 l_1 和 l_2。用下列式子：

$$
\begin{aligned}
R(x,y) &= k_1 R(x,y) + k_2 \\
B(x,y) &= l_1 B(x,y) + l_2 \\
G(x,y) &= G(x,y)
\end{aligned}
\tag{2.3.3}
$$

对图像的全部点进行处理，就能得到色彩平衡后的目标图像。

(2) 亮度处理

图像的明暗程度就是亮度，亮度处理是通过对图像中 R、G、B 三个颜色分量的亮度增加或减少相同的幅度来实现。图像灰度值 F 在[0,255]之间，F 值越低，亮度越低，F 值越接近 255，亮度越高。

在图像处理中，常见的线性操作可以实现亮度调整，例如将所有像素的亮度值相乘或添加增强系数以使整个图像更亮或更暗。在调节过程中根据像素点亮度，做非线性调节，即高光、阴影部分调节小一点，中间部分多调节一些，这样亮度调节看着会更加自然。本案例采用 imadjust 函数实现调整图像亮度，MATLAB 中的亮度调整函数可以调节灰度图像和彩色图像的颜色矩阵。

(3) 对比度处理

对比度是图像的暗区和亮区之间的差异，即像素之间的差异。图像中最大和最小灰度级之间的差异越大，形成的对比度就更加明显。[3] 对比度相对较好的图像，直方图的曲线特征会更鲜明，分布更匀称。图像对比度通常是一幅图像黑与白的对比值，描述了图像从黑到白的变化层次。比值越大，从黑到白的变化层次越多，图像的色彩呈现越丰富。

在图像拍摄过程中，由于各种因素的限制，使得图像色彩可能分布不均衡，让图像看起来很暗沉，或者曝光过度让图像呈现出偏亮效果。通过图像对比度处理，将图像中每一个像素值尽量均匀地按照一定方式分布，提高图像的质量，以得到理想的、清晰的图像。

假设图像的对比度需要增强 $n(n>0)$ 个单位，则 R、G、B 三个分量统一的变换公式为

$$
g = \begin{cases} 0, & f < n \\ (f-n) \times \dfrac{255}{255-2n}, & n \leqslant 255 - n \\ 255, & f > 255 - n \end{cases}
\tag{2.3.4}
$$

其中，g 代表改变值，f 代表原始值。变换公式对两边进行截断处理，使属于$[n,255-n]$区间的值调整到[0,255]区间。

3.2.2　图像滤镜

(1) 锐化滤镜

图像锐化是为了补偿图像的轮廓，强调图像的边缘和细节，增强图像的边缘和

灰度部分，使图像清晰，提高图像对比度。在图像作平滑或过滤处理时，图像的边缘信息容易丢失，图像锐化能够突出图像的边缘、轮廓，它大多数用于处理摄影及扫描过程中出现的图像问题。

这里用拉普拉斯锐化图像，其依据是图像像素的变化程度。其实现原理是当邻域中心像素的灰度级小于邻域中其他像素的平均值时，应进一步降低中心像素的灰度级。当邻域中心像素的灰度级大于邻域中其他像素的平均灰度级时，应进一步加高中心像素的灰度级。[4] 首先，在四个或八个方向上计算中心像素的梯度，然后加上梯度来分析其他相邻像素的灰度关系，最后调整像素的灰度级。模板如图 2.3.1 和 2.3.2 所示。

0	−1	0
−1	4	−1
−1	−1	−1

图 2.3.1　四方向模板

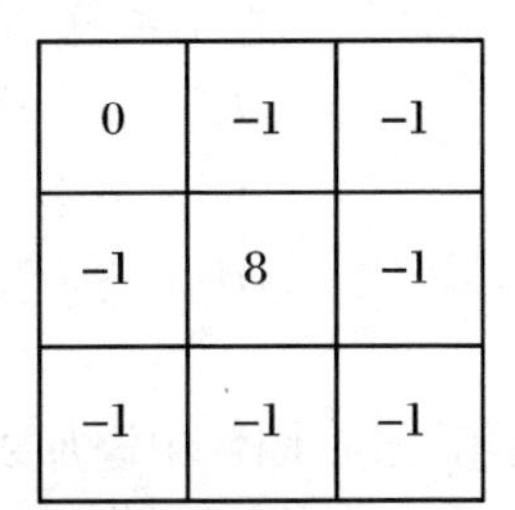

0	−1	−1
−1	8	−1
−1	−1	−1

图 2.3.2　八方向模板

通过模板可知，相邻的像素灰度级不同时，卷积计算结果也不同，相同卷积结果为 0，不同则要与中心像素去比较，大于中心像素结果为负数，小于则为正数。卷积结果加在原中心像素上就实现了图像锐化。

(2) 彩色浮雕

实现图像浮雕效果的一般原则是在图像上的每个像素与其对角像素之间形成差异，稀释相似的颜色值并突出显示不同的颜色值，从而产生深度感并实现其特性效果。程序实现的具体方法是取除右下角以外的主对角线之和求平均值，然后减去右下角的值，最后添加背景颜色，加背景常数 128。

由于图像中相邻点的颜色值相对较近，因此，该算法的结果仅在颜色的边缘区域更明显，即相邻颜色差异较大的部分，而其他颜色差异不大的区域的值几乎都接近 128，即灰色，是浮雕效果。[4]

假设原图像为 X，处理后的图像为 Y，也就是说，对于坐标为(i,j)点，X,Y 的取值均在 0～255 之间，其程序算法为 $Y(i,j)=X(i-1,j-1)-X(i+1,j+1)+128$。

浮雕效果的模板如下：

$$\begin{matrix} 1/4 & 0 & 0 & 0 & 0 \\ 0 & 1/4 & 0 & 0 & 0 \\ 0 & 0 & 1/4 & 0 & 0 \\ 0 & 0 & 0 & 1/4 & 0 \\ 0 & 0 & 0 & 0 & -1 \end{matrix} + 128 \tag{2.3.5}$$

在此模板中,中间的点可以看作为要处理的像素。

3.2.3 艺术效果

(1) 老照片

人们经常想要得到模糊图像和黄色的旧照片,这种旧照片容易引起人们的怀旧情感。而老照片特性可以处理现在拍摄的照片,让现在的照片达到旧照片的怀旧效果。[5]它还可以将现实世界中的角色放置在之前的拍摄场景中,以产生穿越时空的特殊效果,并返回到原始场景。旧照片滤镜可以使整张照片变暗,仿佛照片已经保存了很长时间,一直是黄色,给人一种珍贵的照片感。老照片像素转换公式为

$$\begin{aligned} R &= 0.393r + 0.769g + 0.189b \\ G &= 0.349r + 0.686g + 0.168b \\ B &= 0.272r + 0.543g + 0.131b \end{aligned} \tag{2.3.6}$$

(2) 素描

素描滤镜通过在图像中添加纹理,让其产生铅笔做画、手工速写等艺术效果,实现图像素描效果简化了图像原本的色彩,最关键的一点就是轮廓的勾画,轮廓就是图像灰度的跳变。

首先需要设置一个阈值,将有颜色的像素转换为灰度级,然后对比两个相邻像素的灰度级。当灰度级变化超过一度时,就能将其判断成是一个轮廓,然后便可用黑点来描述轮廓。[5]在美术作品中铅笔画与素描看似相同,而在数字图像处理技术中却又不同,前者的标准是比较此像素与周围八个点的平均值之间的亮度差,而后者是比较当此像素和右下像素之间的灰度差异。

3.2.4 图像风格化

(1) 扩散

扩散滤镜是通过随机打乱图像中的像素,使其产生类似透过磨砂玻璃观察的图像效果。扩散效果也常用于图像的去噪,让图像的边缘看起来更光滑。通过扩散效果的图像看起来更像是低倍聚焦后的图像,仔细观察,图像细节部分就好像被刻意磨砂和雾化了一样。当然在人类日常生活工作中会遇到很多关于扩散事情,类似于磨砂玻璃漫反射的分离模糊效果,例如:水彩画不小心被水浸湿,纸上的各色颜料就会随着水扩散开来,让原本清晰的画变得模糊,给人视觉带来一种色彩散乱分布的效果。

扩散滤镜的算法就是用周围的随机像素点来替换选中的像素点,从源图像的周围像素中取随机点作为目标图像对应像素。

(2) 马赛克

马赛克算法是把一张图像分割成若干个像素的小区块,每个小区块的颜色都是相同的。为了加深对图像中像素块操作的记忆,利用像素块内均值方式对 RGB 彩色图像进行马赛克效果的处理。

为了较为简单地实现这个效果,这里对 RGB 彩色图像三个通道分别采用了相同的均值操作,最后再利用 MATLAB 中的 cat() 函数将其合成三通道彩色图像。

(3)去红眼

由于在夜间或者光线不足的地方拍照会用到闪光灯,当设备开启闪光灯完成拍摄后,仔细观察图像,会看到被拍摄的人眼睛呈红色。去除红眼的作用就让某些图像中的眼睛恢复原始的色彩。其原理是:首先找出图像中的红眼;其次分离出此图像中每一个像素的分量值,并计算三个分量中 R、G、B 分量之间的差异;再次根据指定的颜色容差和 R 分量的比率选择红眼像素;最后就是去除红眼,有了之前选出的红眼像素,根据特定色彩给红眼进行上色,使眼睛恢复到原始的色彩。

3.3 实验结果

(1) 色彩均衡化

图 2.3.3 和图 2.3.5 为原始图像。图 2.3.4 和图 2.3.6 为色彩均衡化之后的图像。

图 2.3.3　原始图像

图 2.3.4　调整后的图

从图 2.3.4 和图 2.3.6 可以看出,原本颜色非常暗淡的图像和过分鲜艳的图像经过色彩均衡处理后,各部分的颜色都变得更加平衡。通过调整图像色彩偏差,调整过饱和或欠饱和的情况,让图像色彩接近正常。

图 2.3.5 原始图像

图 2.3.6 调整后的图

(2) 亮度处理

图 2.3.7 为原始图像。图 2.3.8 为亮度加强之后的图像。

图 2.3.7 原始图像

图 2.3.8 调整后的图

调整后的图 2.3.8 像是加了高光，最明显的是深色区域的亮度变强，让图像更加清晰，可以看到更多的图像细节。

(3) 图像锐化

图 2.3.9 为原始图像。图 2.3.10 为锐化处理之后的图像。

图 2.3.9 原始图像

图 2.3.10 调整后的图

拉普拉斯算法提取出了图像的边缘特征，与原图叠加后新的图像边缘被增强了，仔细观察处理后的图像，可以注意到原本图像模糊的地方变得层次分明，图像更加清晰，加强了图像细节。在优化图像的同时也有可能会将噪声加强，所以为了达到更好的效果可在锐化前对图像做一个平滑处理。

(4) 图像浮雕

图2.3.11和图2.3.13为原始图像。图2.3.12和图2.3.14为浮雕处理之后的图像。

图2.3.11　原始图像

图2.3.12　调整后的图

图2.3.13　原始图像

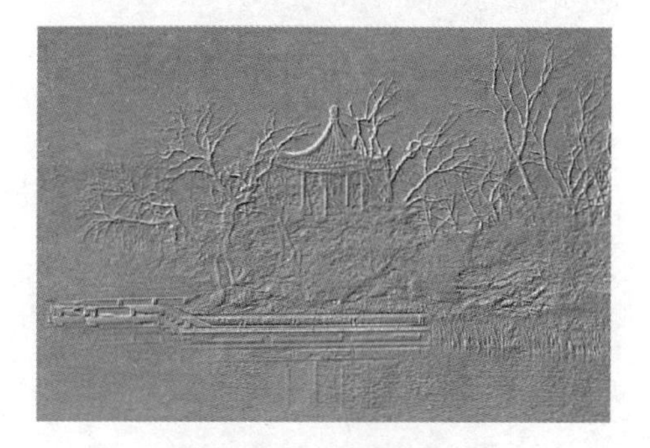

图2.3.14　调整后的图

通过仔细观察浮雕处理后的图像，如图2.3.12所示，可以看到某些区域可能仍然具有“颜色”的点或条带痕迹。在这种情况下，可以对新图像的 R、G、B 值进行灰度处理，这将获得更好的浮雕效果，因而图2.3.14的效果更好。

(5) 老照片

图2.3.15和图2.3.17为原始图像。图2.3.16和图2.3.18为进行老照片效果之后的图像。

对比原图与效果图，效果图的亮度更低，曝光度更低，深色区域与浅色区域色差更明显，图像看起来更有年代感。

图 2.3.15　原始图像

图 2.3.16　调整后的图

图 2.3.17　原始图像

图 2.3.18　使用老照片效果后的图像

(6) 马赛克

图 2.3.19 和图 2.3.21 为原始图像。图 2.3.20 和图 2.3.22 是马赛克效果图。

图 2.3.19　原始图像

图 2.3.20　使用老照片效果后的图像

经马赛克处理后的图像,图像特征信息被遮盖,给人以模糊的感觉,图像色阶细节被弱化,形成色块打乱的效果,这种效果在各种新闻报道里经常用到,作用是保护隐私信息。

图 2.3.21　原始图像

图 2.3.22　使用老照片效果后的图像

3.4　案例小结

本案例介绍了图像色调调整、图像滤镜、图像艺术效果和图像风格化等几种常见的图像特效处理技术。随着科学技术的不断发展和人工智能技术的兴起，图像特效处理技术被更加广泛地应用，通过本案例的学习，可以激发读者对图像特效处理技术的学习兴趣，为进一步深入研究人工智能技术特别是机器视觉技术奠定良好的基础。

图像特效处理技术还有很多，读者可以充分发挥自己的"奇思妙想"，将创新意识融入图像特效的设计和处理中。创新意识是要善于独立思考，敢于标新立异，敢于提出新观点、新方法，有解决问题和创新事物的意识，是创新思维和创新活动的前提和条件。青年学生要善于培养自身的创新意识，掌握创新方法，提高创新能力。

参考文献

[1]　祁明，祝典，邹武星.图像处理技术综述[J].数字技术与应用，2020，38(02)：57，59.

[2]　丁元，邬开俊.基于 RGB 色彩平衡方法的沙尘降质图像增强[J].光学精密工程，2023，31(07)：1053-1064.

[3]　唐爱平，杨丽.基于粗糙集的微小缺陷图像对比度增强算法[J].控制工程，2023，30(05)：881-885.

[4]　杨勇，苏昭，黄淑英，等.基于深度学习的像素级全色图像锐化研究综述[J].遥感学报，2022，26(12)：2411-2432.

[5]　张瑶. 图像的素描/水墨风格化研究[D]. 北京：北京交通大学，2012：8-14.

案例 4　物体检测技术

4.1 案 例 背 景

物体检测技术是人工智能视觉检测领域中极其重要的研究方向。物体检测意在判断一幅图像上是否存在感兴趣物体，并给出物体的类别信息等。[1] 多年来，科研人员对物体检测技术展开了深入研究，使得物体检测技术发展得更加成熟，实用性得到提高。物体检测技术按照其检测任务和目的的不同，采取的检测方法和处理算法也不同。本案例侧重于物体检测的设计与实现，选取摩托车、自行车等交通工具作为识别对象，采用 Python 语言编程，结合 Keras 开源的神经网络库函数，对目标物体进行正确检测和识别。

4.2 工 作 原 理

4.2.1　数据准备

首先创建模型之前需要准备好目标物体图像，以摩托车和自行车图像为例，由于网络上这两类物体的数据集属于非公开资源，所以需要自行收集构建数据集，读者也可根据需要准备自己的数据库。数据中的图像部分来源于手机拍摄，部分来源百度图像和搜狗图像，经过筛选和裁剪，制作出了 500 张摩托车图像和 500 张自行车图像，图像为 jpg 格式。后又经过数据增强的方式[2]，如随机旋转、平移、翻转等几何操作将可用图像增至到 4300 张，足以完成神经网络模型的训练。数据集中的部分图像如图 2.4.1 所示。

在得到目标物体的数据集图像后，用这些图像构建数据框架，并进行图像标注。如图 2.4.2 标注结果所示，将自行车的图像标注为 0，将摩托车的图像标注为 1。

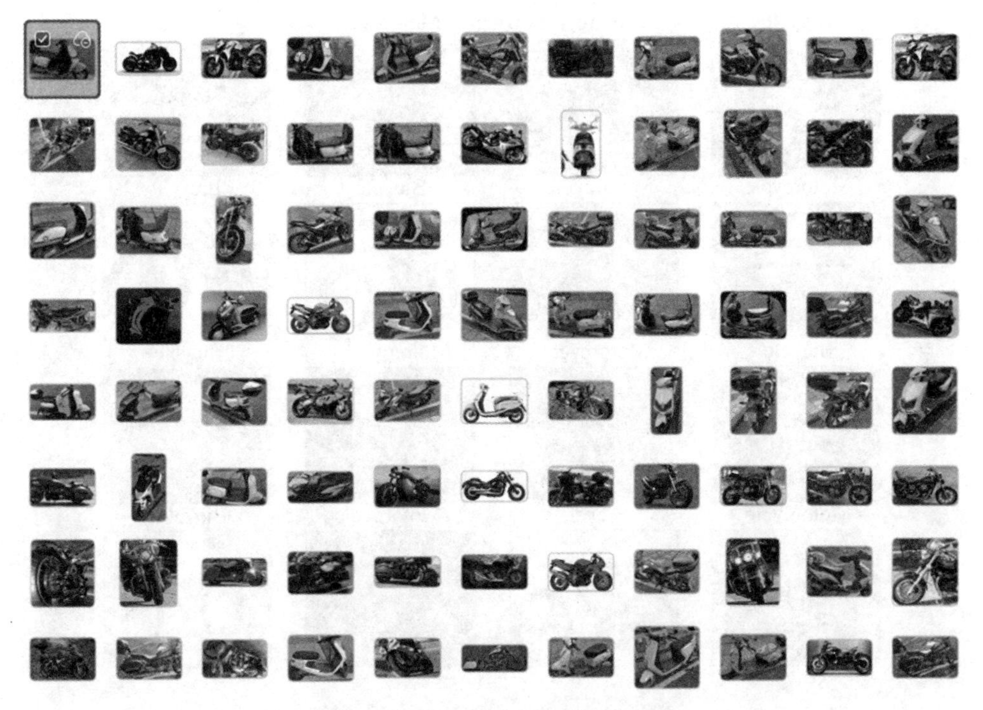

图 2.4.1　数据集中的部分图像样本

```
                                     filepath  label
0          C:/Naturenet/photos/bicycle\Image_1.jpg    0.0
1         C:/Naturenet/photos/bicycle\Image_10.jpg    0.0
2        C:/Naturenet/photos/bicycle\Image_100.jpg    0.0
3        C:/Naturenet/photos/bicycle\Image_101.jpg    0.0
4        C:/Naturenet/photos/bicycle\Image_102.jpg    0.0
..                                            ...    ...
495   C:/Naturenet/photos/motorcycle\Image_95.jpg    1.0
496   C:/Naturenet/photos/motorcycle\Image_96.jpg    1.0
497   C:/Naturenet/photos/motorcycle\Image_97.jpg    1.0
498   C:/Naturenet/photos/motorcycle\Image_98.jpg    1.0
499   C:/Naturenet/photos/motorcycle\Image_99.jpg    1.0
```

图 2.4.2　图像标注结果

数据集的标签制作好后，需要划分训练集和测试集。训练集用来训练神经网络模型，测试集用来测试神经网络模型是否有效。调用 Keras 库中的 scikit_learn，通过设置测试数据的百分比和随机数种子保证重复实验时能获得同样的随机数，这里测试数据百分比为20%。图2.4.3展示了训练集中的部分图像数据，可以看出此时相应的标签对应不同的类别。

图 2.4.3 训练集部分图像

但是以上图像数据还不是计算机能处理的数据，还需要将图像和标签转换成像素数值构成的矩阵。图 2.4.4 所示为某张图像的数组形式，图 2.4.5 为标签矩阵形式。

```
[[0.65882353 0.63137255 0.64705882 ... 0.70196078 0.47058824 0.38431373]
 [0.7372549  0.72941176 0.74509804 ... 0.70588235 0.55294118 0.34901961]
 [0.77647059 0.78039216 0.8        ... 0.70196078 0.63921569 0.34509804]
 ...
 [0.28627451 0.29803922 0.31372549 ... 0.43921569 0.31764706 0.35686275]
 [0.21568627 0.25490196 0.18823529 ... 0.4        0.45882353 0.30588235]
 [0.07843137 0.22352941 0.18431373 ... 0.74901961 0.69411765 0.37254902]]
```

图 2.4.4 图像的数组形式

最后通过 NumPy 包创建训练集和测试集的数组，将对应的摩托车和自行车图像加载到数组中，完成创建神经网络模型的数据集准备工作。在待检测物体图像被识别之前需要对输入图像进行灰度化和去噪处理，以提升图像的感知效果。[3] 本案例采用高斯滤波方法对图像进行滤波去噪。OpencCV 开源库中提供了图像灰度化和图像高斯滤波的图像处理接口。

图 2.4.5　标签的数组形式

4.2.2　神经网络模型设计

一个基本的神经网络结构由输入层、隐藏层和输出层组成。输入层是对输入图像进行转维处理，将多维的像转换成一维的向量空间；隐藏层是把输入数据的特征抽象到另一个维度空间，来展现其更抽象化的特征，这些特征能更好地进行线性划分；输出层负责读取神经元输出输入图像是哪一类的可能性几率[4]，输出层由多个节点组成，分类类别越多，节点就越多。由于篇幅限制，本案例只对摩托车和自行车的图像进行是识别和分类，因此输出节点有两个。本案例创建的神经网络模型如图 2.4.6 所示。

输入图像的大小经过裁剪、缩放后统一为 128 像素 × 128 像素，所以 Flatten 平坦层的输入节点为 16384 个，隐藏层的激活函数为 ReLU 分段线性函数[5]，当输入大于 0 直接返回输入值，输入为非正返回 0，其函数方程为

$$\mathrm{ReLU}(x) = (x)^{+} = \max(0, x) \tag{2.4.1}$$

其中，x 为上一层节点的输入向量。使用 ReLU 函数在作为激活函数，使得神经网络在计算的时候减少计算成本，也更简单，更容易优化。[6] 当输入通过激活函数计算后会产生对应的预测值，接下来需要计算预测值和真实值之间的偏差并减少这种偏差，这里需要引入损失函数和优化函数。在损失函数上选择了归一化指数函数 Softmax，它将多个节点的输出映射到(0,1)区间内[7]，其函数方程为

```
Model: "sequential"
_________________________________________________________________
 Layer (type)                Output Shape              Param #
=================================================================
 flatten (Flatten)           (None, 16384)             0

 dense (Dense)               (None, 256)               4194560

 dense_1 (Dense)             (None, 2)                 514

=================================================================
Total params: 4,195,074
Trainable params: 4,195,074
Non-trainable params: 0
_________________________________________________________________
```

图 2.4.6　模型摘要图

$$S_i = \frac{e^i}{\sum je^j} \tag{2.4.2}$$

其中，i 代表输入向量第 i 个元素。在优化函数上选择自适应矩估计 Adam(Adam optimization algorithm)，该优化器结合了 AdaGrad 和 RMSProp 两种优化算法的优点，能动态调整每个参数的学习率，使参数变化比较平稳，防止权重在更新时发生大范围跳跃。[8]

在训练过程需要将完整的数据集在神经网络模型中传递多次，也就是需要设定。Epoch[9]本案例中设定的 Epoch 为 50，训练过程如图 2.4.7 所示。

```
Epoch 33/50
20/20 [==============================] - 1s 31ms/step - loss: 0.2328 - accuracy: 0.9328 - val_loss: 0.3641 - val_accuracy: 0.8500
Epoch 34/50
20/20 [==============================] - 1s 32ms/step - loss: 0.2276 - accuracy: 0.9359 - val_loss: 0.3574 - val_accuracy: 0.8375
Epoch 35/50
20/20 [==============================] - 1s 32ms/step - loss: 0.2246 - accuracy: 0.9328 - val_loss: 0.3591 - val_accuracy: 0.8500
Epoch 36/50
20/20 [==============================] - 1s 31ms/step - loss: 0.2191 - accuracy: 0.9375 - val_loss: 0.3541 - val_accuracy: 0.8000
Epoch 37/50
20/20 [==============================] - 1s 34ms/step - loss: 0.2170 - accuracy: 0.9453 - val_loss: 0.3586 - val_accuracy: 0.8562
Epoch 38/50
20/20 [==============================] - 1s 32ms/step - loss: 0.2191 - accuracy: 0.9391 - val_loss: 0.3598 - val_accuracy: 0.8438
Epoch 39/50
20/20 [==============================] - 1s 32ms/step - loss: 0.2104 - accuracy: 0.9484 - val_loss: 0.3520 - val_accuracy: 0.8188
Epoch 40/50
20/20 [==============================] - 1s 32ms/step - loss: 0.2077 - accuracy: 0.9422 - val_loss: 0.3511 - val_accuracy: 0.8188
Epoch 41/50
20/20 [==============================] - 1s 32ms/step - loss: 0.2047 - accuracy: 0.9453 - val_loss: 0.3571 - val_accuracy: 0.8500
Epoch 42/50
20/20 [==============================] - 1s 32ms/step - loss: 0.2012 - accuracy: 0.9516 - val_loss: 0.3509 - val_accuracy: 0.8313
Epoch 43/50
20/20 [==============================] - 1s 32ms/step - loss: 0.1975 - accuracy: 0.9563 - val_loss: 0.3673 - val_accuracy: 0.8188
Epoch 44/50
20/20 [==============================] - 1s 32ms/step - loss: 0.2031 - accuracy: 0.9516 - val_loss: 0.3482 - val_accuracy: 0.8250
Epoch 45/50
20/20 [==============================] - 1s 32ms/step - loss: 0.1922 - accuracy: 0.9609 - val_loss: 0.3474 - val_accuracy: 0.8250
Epoch 46/50
20/20 [==============================] - 1s 32ms/step - loss: 0.1908 - accuracy: 0.9609 - val_loss: 0.3482 - val_accuracy: 0.8250
Epoch 47/50
20/20 [==============================] - 1s 36ms/step - loss: 0.1870 - accuracy: 0.9609 - val_loss: 0.3486 - val_accuracy: 0.8125
Epoch 48/50
20/20 [==============================] - 1s 51ms/step - loss: 0.1921 - accuracy: 0.9500 - val_loss: 0.3485 - val_accuracy: 0.8062
Epoch 49/50
20/20 [==============================] - 1s 57ms/step - loss: 0.1872 - accuracy: 0.9578 - val_loss: 0.3473 - val_accuracy: 0.8250
Epoch 50/50
20/20 [==============================] - 1s 68ms/step - loss: 0.1852 - accuracy: 0.9609 - val_loss: 0.3509 - val_accuracy: 0.8375
PS C:\Naturenet>
```

图 2.4.7　训练过程

训练过程中 loss 代表每一次训练中训练集的整体损失值，val_loss 代表测试集整体的损失值，accuracy 代表训练集整体的正确值，val_accuracy 代表测试集整体的正确值。从图 2.4.7 中可以看出该神经网络模型的训练集和测试集之间存在较大差距，两者有非闭合趋势，神经网络模型存在过拟合，还需要对该神经网络的结构和训练参数进行优化调整。

为减少模型过拟合，在原有的神经网络结构的隐藏层后添加了 Dropout 层。Dropout 层可以按照一定的概率暂时失活上一层的随机节点，即缩小网络结构以减少数据拟合的可能性，从而使得每个节点的权重不会过大，能够使神经网络提高特定节点的鲁棒性，添加 Dropout 层后的神经网络结构如图 2.4.8 所示。

```
Model: "sequential"
_________________________________________________________________
 Layer (type)                Output Shape              Param #
=================================================================
 flatten (Flatten)           (None, 16384)             0

 dropout (Dropout)           (None, 16384)             0

 dense (Dense)               (None, 256)               4194560

 dropout_1 (Dropout)         (None, 256)               0

 dense_1 (Dense)             (None, 2)                 514

=================================================================
Total params: 4,195,074
Trainable params: 4,195,074
Non-trainable params: 0
```

图 2.4.8　含有 Dropout 层的模型摘要表

为进一步提升神经网络模型的性能，本案例添加了卷积层和池化层以及正则化项。卷积层通过卷积运算能够提取输入图像的特征信息，如纹理特征、颜色特征、形状特征等，这里的卷积内核大小为(5×5)，边界填充方式选择复制图像最外围一圈的像素。池化层筛选卷积层提取的特征信息，减少后一层的计算量，降维特征信息，提高后续特征的感受野。正则化项能够防止权重增加过多，提高模型泛化能力，即减少神经网络的过拟合性和复杂度，提升模型的抗干扰能力。最终设计出来的神经网络模型结构如图 2.4.9 所示。

4.2.3　UI 界面模块设计

良好的用户交互界面可以使设计者更加便捷、快速地操作使用程序，不用反复查看源码来启动程序和频繁的修改常量。PYQT 提供了 GUI 界面设计工具 Qt Designer 来辅助设计，本案例借助此工具设计了一个简洁的操作界面方便设计者和使用者查看识别结果和选择图像。在 Python 中导入设计好的 UI 界面文件即

```
Model: "sequential"
_________________________________________________________________
 Layer (type)                Output Shape              Param #
=================================================================
 conv2d (Conv2D)             (None, 128, 128, 16)      416

 max_pooling2d (MaxPooling2D  (None, 64, 64, 16)       0
 )

 flatten (Flatten)           (None, 65536)             0

 dropout (Dropout)           (None, 65536)             0

 dense (Dense)               (None, 256)               16777472

 dropout_1 (Dropout)         (None, 256)               0

 dense_1 (Dense)             (None, 256)               65792

 dropout_2 (Dropout)         (None, 256)               0

 dense_2 (Dense)             (None, 2)                 514

=================================================================
```

图 2.4.9 最终模型摘要表

可。如图 2.4.10 所示为 UI 界面,此界面通过绑定虚拟按键触发事件的方式来实现按键点击和不同功能。

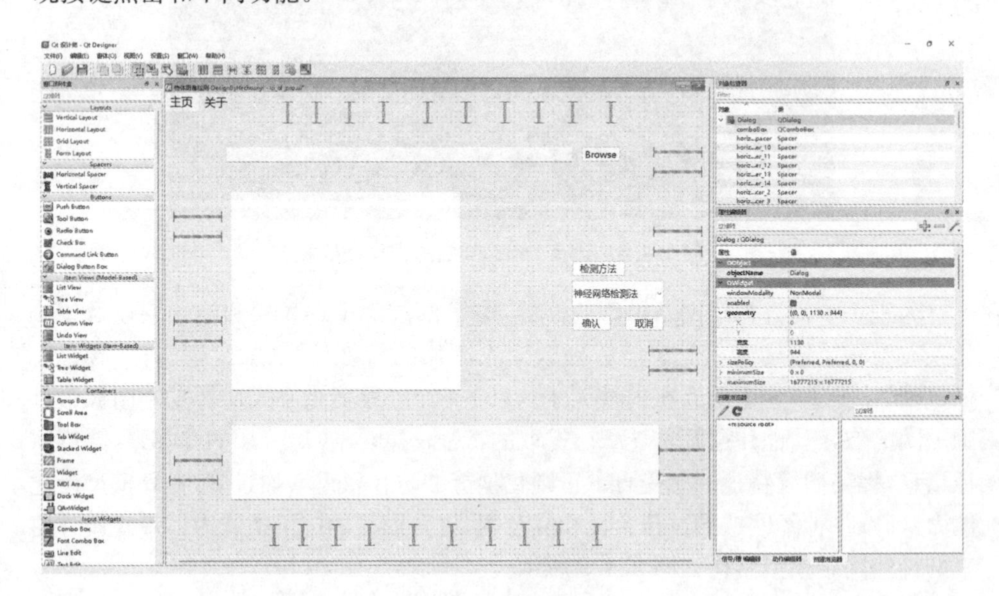

图 2.4.10 UI 界面

UI 界面中含有三个主要虚拟按键,分别是 Browse 键、确认键和取消键。点击不同的按键可以实现不同的功能。点击 Browse 键可以浏览选择需要检测的摩托车图像或者自行车图像。点击确认按键,程序执行物体识别的功能,识别完成后在屏幕上显示识别结果。UI 界面左侧的白色区域分别是图像显示区域和信息提示栏,图像显示区域负责显示选中的待识别图像,下方的白色区域显示相应的提示信息，提示程序正在执行哪一步操作。

4.3　实验结果

本案例设计的物体检测系统主界面如图 2.4.11 所示。

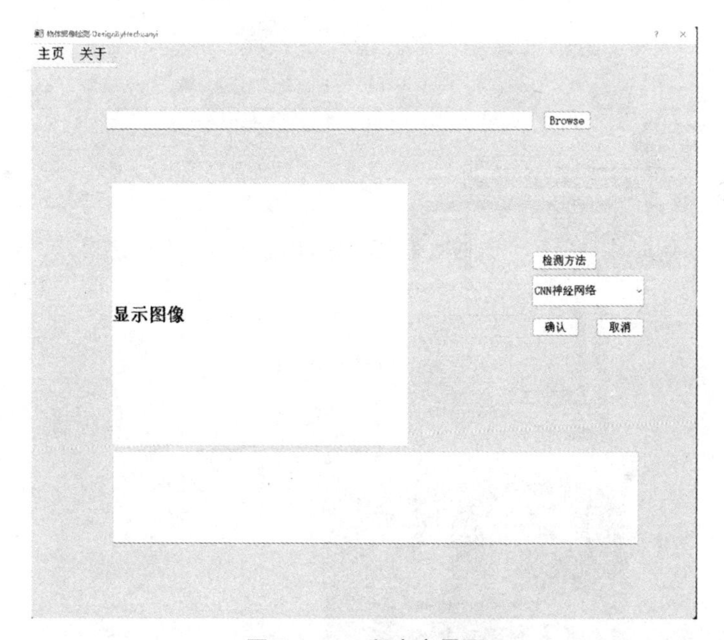

图 2.4.11　程序主界面

系统运行分为以下几步：

(1) 点击 Browse 按键，选择待检测物体图像，待检测物体图像可以来源于网络公开的数据或者自建的数据库。如图 2.4.12 所示，点击 Browse 按键后，程序自动弹出到选择图像的窗口，这里的输入图像固定为 jpg 格式，识别其他格式的图像需要修改源码或者调整图像格式。

(2) 选择完图像后，点击打开，待检测物体图像自动显示在程序主界面的显示区域上，即正方形白色区域中，图像路径显示在上方白色矩形框中。如图 2.4.13 所示，待检测物体图像显示在对应的区域上，这里选择的图像是自建数据库中一张摩托车的图像，来源于手机实物拍摄。

(3) 点击确认按键，程序将执行识别任务。执行过程是点击确认按键后，程序加载模型，并将待检测物体图像的路径传入，神经网络模型开始对输入图像进行识别分类。等待 1～2 s 后，程序返回识别分类结果，并显示在屏幕上。如图 2.4.14 所示，识别任务完成。

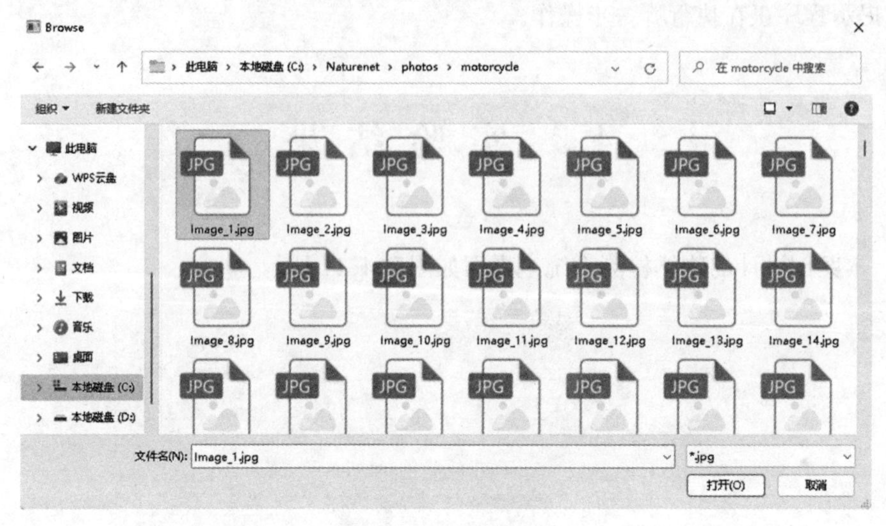

图 2.4.12　选择图像

图 2.4.13　图像显示界面

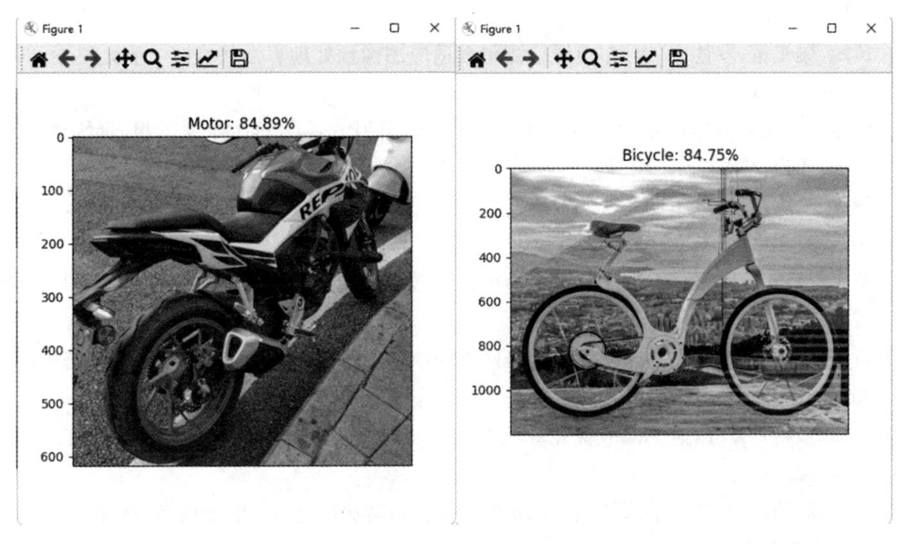

图 2.4.14　识别结果

4.4　案例小结

本案例设计了一个能够检测识别摩托车和自行车的物体检测识别系统。读者通过本案例学习，可以了解基本的物体检测与识别技术。物体检测与识别在无人监测系统、医疗领域疾病预测、自动驾驶、智能机器人等领域有着广泛的应用，读者可在此案例基础上，根据实际需求设计不同的物体检测识别系统。

在图像识别领域，有许多华人科学家在该领域作出了重要贡献，其中美国国家工程院院士、斯坦福大学教授李飞飞便是这样一位优秀的华人女性科学家。李飞飞教授建立了 Caletech101 和 ImageNet 两个用于图像识别的数据库，其中 ImageNet 数据库是全国最大的图像识别数据库，大大推动了图像识别的发展，为图像处理、计算机视觉和人工智能技术的发展作出了巨大贡献。李飞飞教授是广大青年朋友学习的榜样，青年学者们要立鸿鹄志，做奋斗者，要弘扬中国科学家奋发图强、勇攀高峰的精神，努力学习，建功立业，为国争光。

参考文献

［1］　朱学玲，陈浩旗. 浅析“OpenCV + 卷积神经网络”在人脸识别中的应用［J］. 科技视界，2022，21：23-25.

［2］　董艳秋，万旺根，胡文博，等. 基于可变型卷积和数据增强的三维多目标检测［J］. 工业控制

计算机,2023,36(03):22-24.

[3] 黄鹤,梁祺策,罗德安,等.车道线检测中自适应图像预处理算法研究[J].测绘科学,2021,46(09):76-82.

[4] 张建宝,赵宗涛,慈林林,等.一个神经网络分类器的构造[J].西北大学学报(自然科学版),2000,(06):473-475.

[5] 傅兴宇,陈颖悦,陈玉明,等.一种全连接粒神经网络分类方法[J].山西大学学报,2023,46(01):91-100.

[6] 梁东,杨涛,曹鑫磊,等.嵌入式系统中激活函数的快速计算[J].物联网技术,2023,13(02)82-83,86.

[7] 黄光红,林广栋,吴尔杰,等.深度神经网络 Softmax 函数定点算法设计[J].中国集成电路,2022,31(07):60-64.

[8] 李梓毓,赵月爱.改进 Adam 优化算法的人脸检测方法[J].太原师范学院学报(自然科学版),2022,21(04):58-63.

[9] 郝雅娴,孙艳蕊.基于手写体数字识别的损失函数对比研究[J].电子技术与软件工程,2020(06):203-206.

案例5　人体行为识别

5.1　案例背景

计算机识别人体行为的过程在一定程度上也类似于人脑的行为识别过程。首先通过摄像头获取人体行为的视频信息，然后计算机通过一定的信息处理识别出人体的行为。相比人类处理行为信息时，处理的数据量有限且效率低下，计算机可以高效率地处理大量行为数据，且随着计算机技术的进步，在处理行为数据的准确率和效率方面还可进一步提高。基于计算机视觉进行人体行为识别的目的是从一组包含人体行为的视频序列中检测、跟踪人体，并对其行为进行识别和理解。近年来该课题已经成为相关领域的研究热点，并被国内外所广泛关注。本案例介绍一种基于混合神经网络的人体行为识别技术的工作原理和实验结果。

5.2　工作原理

5.2.1　混合神经网络

卷积神经网络已在图像识别等领域兴起，它可以极好地对图像中的信息进行提取。运用卷积神经网络对视频中人体行为的表观信息和运行信息的提取具有极佳的优势。但是相较于图像来讲，视频序列具有时间维度特征，在处理时间维度信息时卷积神经网络不能有效地提取其时序特征。循环神经网络由于其独特的记忆性从而可以有效地提取上下文的关系来达到提取时间序列的目的，但是循环神经网络在提取长时间序列时可能发生梯度消失或者梯度爆炸，改进的循环神经网络LSTM增加了遗忘门，从而有效地解决了梯度消失和梯度爆炸问题，但是在提取场景信息和运动信息时容易引起参数量的增加。

本案例结合卷积神经网络和 LSTM 网络的优势，构建了一种混合神经网络用于人体行为识别，其整体架构如图 2.5.1 所示。该网络充分利用了卷积神经网络的局部感受野、权值共享以及时间或空间亚采样的特征提取方式，注意力机制的长距离建模能力以及通过静态和动态上下文的融合来表达特征之间的交互作用，循环神经网络的 LSTM 结构可以很好地提取运动信息之外的时间序列信息。将以上神经网络结构进行深度融合以达到充分提取视频序列的场景信息，运动信息以及时间序列信息的目的，进而形成优于任一单一网络结构的识别精度和鲁棒性。通过以上训练的神经网络模型可以用于复杂场景的人体行为的识别。

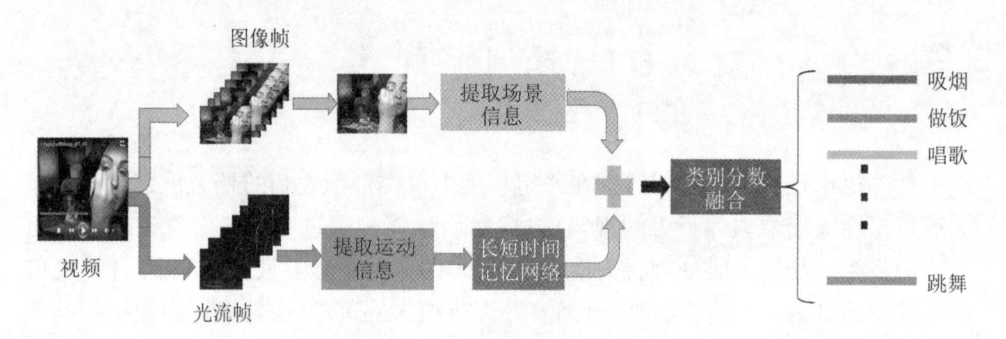

图 2.5.1　混合神经网络整体框架

为避免混合神经网络深度加深可能带来梯度消失或爆炸的问题，本案例方法采用残差网络(ResNets)结构，并在其中加入自注意力模块，以进一步增加模型的行为表达能力。

残差网络[1]不是希望每个堆叠层直接适合所需的底层映射，而是利用短连接，使信息能够在没有衰减的情况下跨层流动，并允许极深的网络结构高达数百层，而这正是设计更深的双流卷积神经网络所需要的。在 ResNets 中，构建基块定义为

$$y = F(x, w_i) + x \tag{2.5.1}$$

其中，x 和 y 为考虑层的输入和输出向量，w_i 为第 i 层的权值。函数 $F(x, w_i)$ 表示要学习的残差映射。在这个过程中，本案例方法用图 2.5.2 中右图所示的自注意力块“CoT block”替换了原本的 3×3 的卷积。

自注意力块的概况如图 2.5.3 所示。对于同一个输入 2D 特征映射 $X \in \mathbf{R}^{H\times W\times C}$，关键字、查询和结果分别定义为 $K = X$、$Q = X$，和 $V = XW_v$。CoT 块首先对 $k\times k$ 网格内的所有相邻关键字进行 $k\times k$ 的分组卷积，以便表达出每个关键字的上下文信息。学习到关键字的上下文信息后，$K^1 \in \mathbf{R}^{H\times W\times C}$ 作为输入 X 的静态上下文表示，自然地反映了本地邻域关键字之间的静态上下文信息。然后 K^1 和 Q 进行拼接，通过两个连续的 1×1 卷积获得注意力矩阵，其中，W_θ 带有 ReLU 激活函数，W_δ 则不带激活函数。

$$W = [K^1, Q]W_\theta W_\delta \tag{2.5.2}$$

该结构中 W 的每个空间位置的局部矩阵是基于查询特征和上下文化的关键

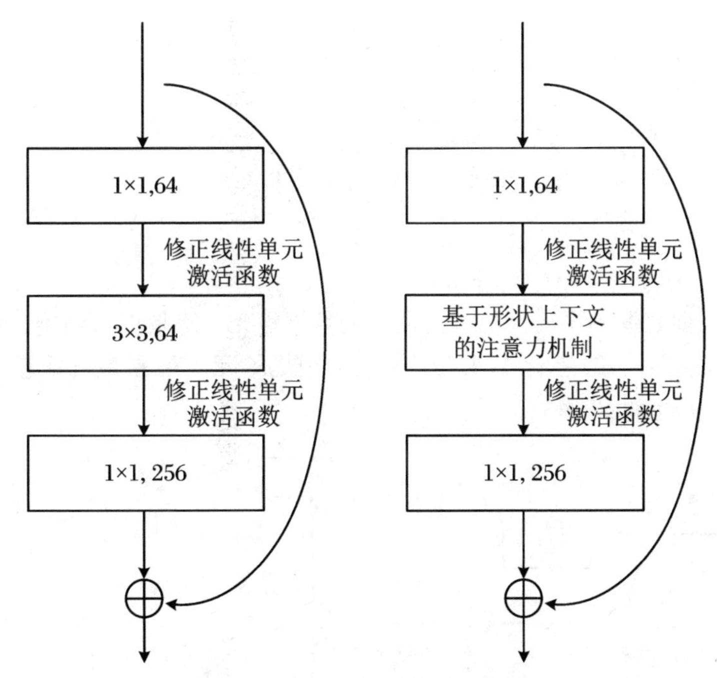

图 2.5.2　自注意力块的残余结构

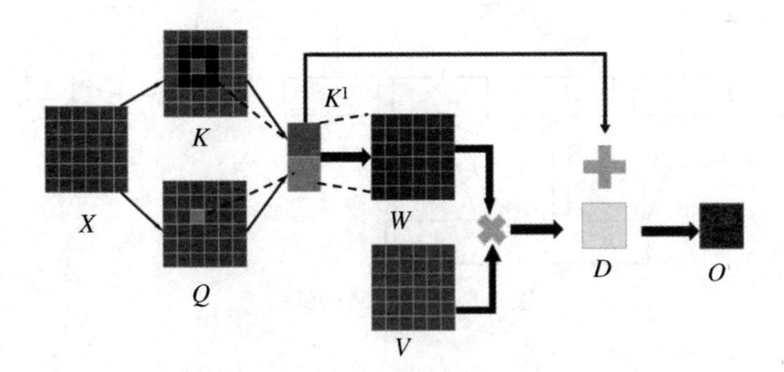

图 2.5.3　CoT 块的结构

字特征来学习的，而不是孤立的查询关键字对。这种方法在挖掘出的静态上下文K^1的附加引导下，增强了自注意力学习能力。接下来，计算特征图K^2来捕捉输入之间的动态特征交互。因此，自注意力块的最终输出被测量为静态上下文K^1和动态上下文K^2的融合。

$$K^2 = VWK^2 = VW \tag{2.5.3}$$

LSTM[2]的概述如图 2.5.4 所示。LSTM 作为一种特殊的 RNN 结构已被证明是稳定而强大的，可以对长距离依赖关系进行建模。LSTM 的主要创新是其记忆单元，它本质上是状态信息的累加器。LSTM 中有主要的三个门：输入门、遗忘门和输出门，关键方程如下所示：

$$Z = \tanh(W_C[h_{t-1}, x_t] + b_i) \tag{2.5.4}$$

$$Z^i = \sigma(W_i[h_{t-1}, x_t] + b_i) \tag{2.5.5}$$

$$Z^f = \sigma(W_f[h_{t-1}, x_t]) + b_f \tag{2.5.6}$$

$$Z^o = \sigma(W_o[h_{t-1}, x_t]) + b_o \tag{2.5.7}$$

$$C^t = Z^f C^{t-1} + Z^i Z \tag{2.5.8}$$

$$h^t = Z^o \tanh(C^t) \tag{2.5.9}$$

$$y^t = W^t h^t \tag{2.5.10}$$

这里,x_t是当前数据的输入。h_{t-1}是最后的数据输入。Z 是更新细胞。Z^i是输入门。Z^f 是遗忘门。Z^o 是输出门。C^t是它的记忆单元。h^t是最终状态。y^t 是它的输出。σ 为 sigmoid 函数。

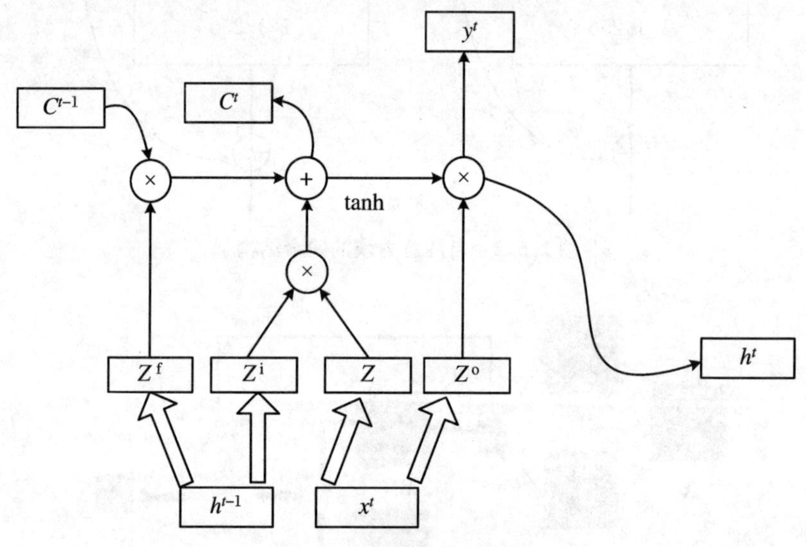

图 2.5.4 LSTM 的结构

5.2.2 网络训练

由于现有的行为数据集很小,无法训练更深层次的双流网络,同时为了避免过拟合问题。本节探讨了一些有益的实践方法,以使静态和动态特征融合的双流网络的训练保持稳定,并减少过拟合的影响。

权重转移:目前用于行为识别的基准数据集主要来自日常生活,包括仅包含人体运动的独立人体行为(如“婴儿爬行”),以及涉及特定对象(如“弹吉他”)的人物交互行为。在人机交互中,行为识别是一种高层次的视觉线索,其背景比较复杂。在 ImageNet 数据集上训练的模型可以看作是对对象类别的中级理解。调查发现 ImageNet 数据集和 UCF101 数据集之间存在“共通性”,这种内在联系启发作者在

ImageNet 上进行训练,并获得训练前的权重参数。在此过程中,预训练权重参数将初始化混合神经网络。

(a) 独立人体行为

(b) 人物交互行为

图 2.5.5　独立人体行为和人物交互行为的样本帧

5.2.3　数据增强

与二维图像数据不同,视频是三维数据,具有可变的时间信息。因此,要利用卷积神经网络进行视频中的人体行为识别,通常需要进行预处理。在原始的双流卷积神经网络中,根据相同的间隔来抽取帧并通过提取这些帧之间的光流场来提取运动信息。但是,连续帧之间的数据冗余将导致行动识别的判别能力不足。作为仅裁剪图像中心的显著区域,在所构建的模型中,本节引入了数据增强方法,以增加数据多样性。使用 256 像素×256 像素的固定帧大小,每帧都会进行内容的随机擦除。将裁剪区域的大小调整为 224 像素×224 像素并水平翻转后,构建的模型训练有 10 个输入。这种增强方案大大增加了输入数据的多样性,有助于摆脱过拟合的问题。

5.3　实验结果

5.3.1　实验设计

网络输入:在本案例网络中,空间网络以 RGB 图像作为输入。时间网络则采用 20 帧光流图像来捕获其运动和时间序列信息。一些图像帧样本和相应的光流场如图 2.5.6 所示,从图中可以发现一个人体行为可以在背景中产生清晰的流动痕迹。然后,执行数据增强以生成更多训练样本。

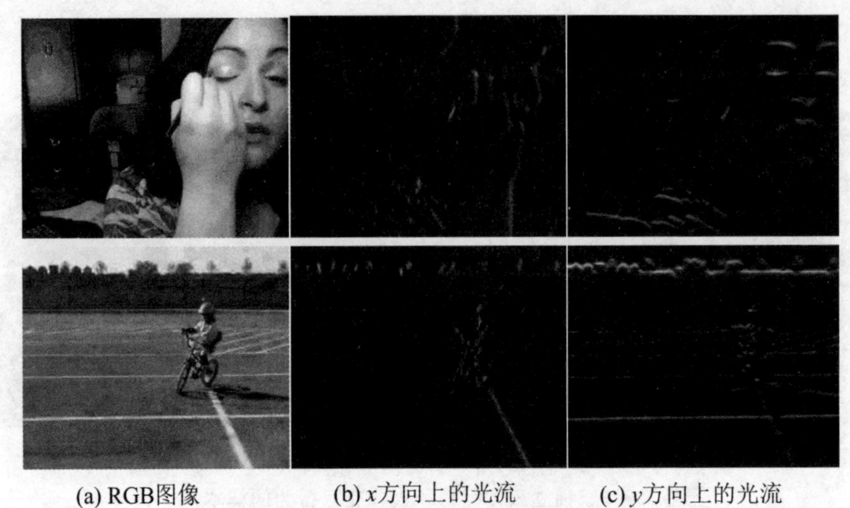

图 2.5.6　视频帧及其相应的光流场示例

无序策略：为了评估无序策略，分别使用原始数据集和本案例使用的无序数据集测试了混合神经网络。如图 2.5.7 所示，本案例的无序策略可以有效提高模型的人体行为识别性能。

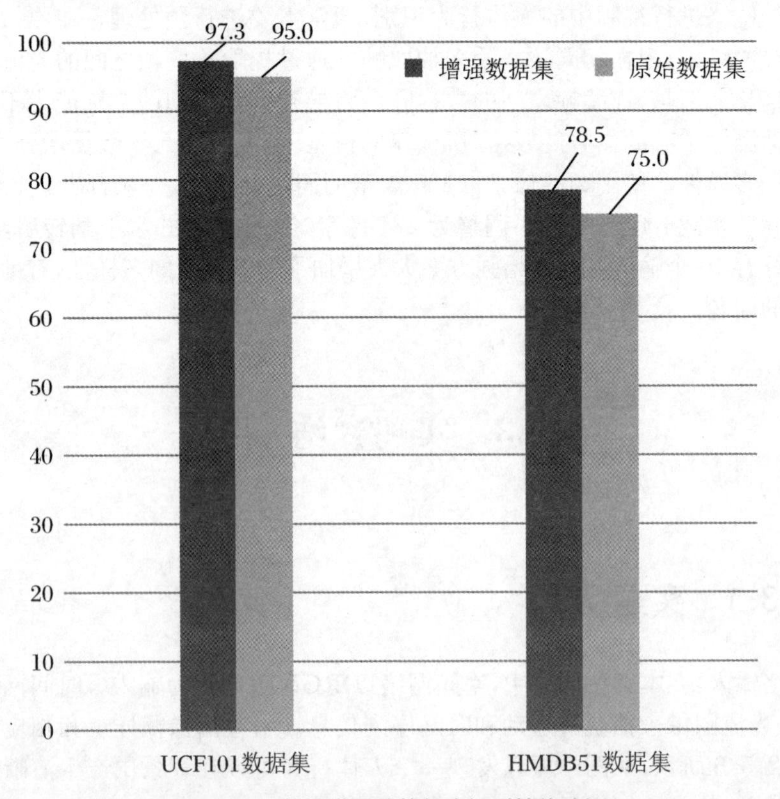

图 2.5.7　数据增强后的行为识别性能验证

网络训练:网络模型训练中随机梯度下降(SGD)操作的最小区域大小设置为64,动量设置为0.9,学习率初始化为0.001,最大迭代次数设置为500。当迭代次数为450时,学习率将降低到0.0001。

在UCF101数据集和HMDB51数据集上对模型进行验证。实验在配备16 GB RAM、3.40 GHz CPU、NVIDIA A40 GPU和Windows操作系统的PC上进行。算法框架由PyTorch实现,由CUDA10.0加速本案例使用的无序训练数据集来训练网络模型,并在测试数据集上来评估本案例构建的模型的性能。

5.3.2　实验结果

(1) 数据增强与否识别性能对比

本节首先比较了两个训练设置的识别性能:① 原始双流卷积神经网络中的基本设置:固定大小的裁剪并进行随机翻转。② 数据增强,结果如图2.5.7所示,从图中可以看出数据增强方法的性能优于基本设置(UCF101数据集为97.3%对95%,HMDB51数据集为78.5%对75%),证明了数据增强对网络训练的良好效果。

(2) 与传统行为描述方法识别性能对比

在UCF101数据集上对本案例构建网络模型与传统行为描述方法(HOG、HOF、MBH)进行性能对比。如表2.5.1所示,本案例构建的网络模型络相比传统方法具有更优的行为识别性能。

表2.5.1　本案例构建模型与传统方法的性能比较

传统算法	UCF101
HOG[3]	72.4
HOF[4]	76.0
MBH[4]	80.8
HOF+MBH[4]	82.2
IDT[3]	84.7
本案例方法	97.3

(3) 与其他相关优秀方法识别性能对比

在UCF101数据集和HMDB51数据集上,将本案例方法与其他相关优秀方法进行对比,其他方法包括双流CNN、Temporal Seg. Net、Two Stream + LSTM、L2LSTM。同时,也选择了一些基于3D ConvNets的方法,包括C3D + IDT、Temporal 3D CNN。对比结果如表2.5.2所示,从表中可以看得,本案例方法在两个数据集上获得比其他方法更好的识别性能,本案例方法在UCF101数据集上的准确率为 97.3%，分别比双流 CNN、时间 Seg. Net、双流 + LSTM、L2LSTM、C3D + IDT 和时态 3D CNN 高出 9.3%、3.1%、3.7%、6.9%和 4.1%。此外，本案例方法优于原来的双流 ConvNet。本案例方法在 HMDB51 数据集上实现了 78.5% 的准确率，优于双流 CNN、Temporal Seg. Net、L2LSTM、Temporal 3D CNN，精度分别提升了 19.1%、9.1%、12.4%和 15.0%。结果表明，本案例方法相比其他相关方法具有更好的行为识别性能。

表 2.5.2 流光动作识别结果的准确性比较

方法	UCF101	HMDB51
Two-streamCNN[5]	88.0	59.4
Temporal Seg. Net[6]	94.2	69.4
Two Stream + LSTM[7]	88.6	—
L2LSTM[8]	93.6	66.2
C3D + IDT[9]	90.4	—
Temporal 3DCNN[10]	93.2	63.5
本案例方法	97.3	78.5

(4) 处理过程结果可视化

为更加直观地观察本案例构建的混合神经网路对行为数据的处理过程，选择 UCF101 数据集中不同行为类别的一些视频帧(例如“ApplyEyeMakeup”“Basketball”“CricketShot”和“Fencing”)，将它们分别送入到混合神经网络中，然后观察过程处理结果。

可视化结果如图 2.5.8 所示。从可视化结果中可以看出，全连接的类激活映射相对集中，与人体运动和场景区域表现出高度相关性。这表明所构建的混合神经网络模型具有更好的行为建模能力。

5.4 案例小结

本案例构建了一种融合静态和动态特征的新型混合神经网络结构。① 通过卷积神经网络(CNN)提取原始特征图(单帧光流场)并进行采样以获得新的特征映射；② 这些特征图通过 3×3 卷积提取，从而获取特征的静态表示；③ 将这些静态特征与输入特征图进一步连接起来，并通过两个连续的 1×1 卷积来学习动态注意力矩阵；④ 将学习到的注意力矩阵乘以输入特征图，以实现特征图的动态表示；之后将静态和动态表示的相互作用作为输出；⑤ 最后利用长短期记忆(LSTM)将

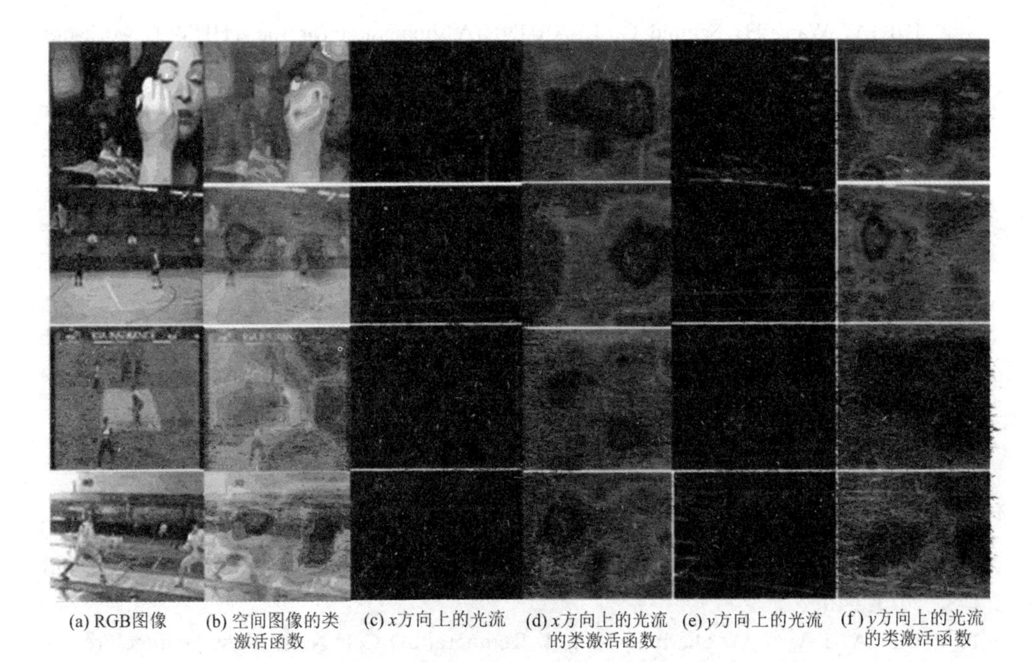

(a) RGB图像　(b) 空间图像的类激活函数　(c) x方向上的光流　(d) x方向上的光流的类激活函数　(e) y方向上的光流　(f) y方向上的光流的类激活函数

图 2.5.8　处理过程结果可视化结果

用于捕获多帧光流中的时间序列信息。

为进一步增强行为识别性能，对行为数据进行了增强处理，以克服网络模型训练中带来的过度拟合现象。实验表明，本案例方法能够有效表达人体行为的静态和动态特征的交互作用，具有比其他相关方法更优的行为识别性能。

人体行为识别技术主要涉及计算机视觉、计算机图形学、模式识别、信号处理和人工智能等多学科知识，该技术可应用在智能视频监控、智能人机交互、运动合成和智能车辆决策等众多领域，是人工智能技术的重要分支。当今时代是人工智能的时代，目前我国人工智能技术和产业发展位于世界前列，这份成绩来之不易，青年学生们应该珍惜前辈科研贡献，继续艰苦奋斗，把握时代脉搏，树立大局意识，以先进的技术和过硬的本领拥抱智能时代，为我国智能技术及产业的发展贡献自己的力量。

参 考 文 献

[1] He K, Zhang X, Ren S, et al. Identity Mappings in Deep Residual Networks[J]. Springer, Cham, 2016:5-9.

[2] Shi X, Chen Z, Wang H, et al. Convolutional LSTM Network: A Machine Learning Approach for Precipitation Nowcasting[J]. MIT Press, 2015:5-7.

[3] Wang H, Schmid C. Action Recognition with Improved Trajectories[C]// 2013 IEEE International Conference on Computer Vision. IEEE, 2014: 45-50.

[4] INRIA, Wang H, Schmid C. LEAR-INRIA submission for the THUMOS workshop [J]. International Conference on Computer Vision, 2013:7-11.

[5] Simonyan K, Zisserman A. Two-Stream Convolutional Networks for Action Recognition in Videos[J]. Advances in neural information processing systems, 2014: 4-6.

[6] Wang L, Xiong Y, Wang Z, et al. transactions on pattern analysis and machine intelligence temporal segment networks for action recognition in videos[J]. IEEE transactions on pattern analysis and machine intelligence, 2020:2-7.

[7] Liu J, Wang G, Duan L Y, et al. Skeleton - Based Human Action RecognitionWith Global Context-Aware Attention LSTM Networks[J]. IEEE Transactions on Image Processing, 2018, 27(99):15-19.

[8] Hassan E. Learning Video Actions in Two Stream Recurrent Neural Network[J]. Pattern Recognition Letters, 2021:18-22.

[9] Tran D, Bourdev L, Fergus R, et al. Learning Spatiotemporal Features with 3D Convolutional Networks[J]. IEEE International Conference on Computer Vision, 2015:3-10.

[10] Diba A, Fayyaz M, Sharma V, et al. Temporal 3D ConvNets: New Architecture and Transfer Learning for Video Classification[J]. Computer Vision and Pattern Recognition, 2017:4-15.

案例 6　锚固螺杆振动信号处理

6.1 案 例 背 景

跨座式单轨交通(轻轨)是现代化城市快速轨道立体交通的一种新形式,重庆在国内首次发展了这种跨座式单轨交通,这种单轨交通具有噪声低、爬坡能力强、转弯半径小、快速便捷、占地少、造价低、利于环境保护等优点。跨座式单轨交通技术上的主要特点是以梁代轨,其梁 (pre-stressed concrete,PC) 既是车辆的承重轨道,又是车辆的行走轨道,通常称为"PC 轨道梁结构系统",其结构系统如图 2.6.1 所示。

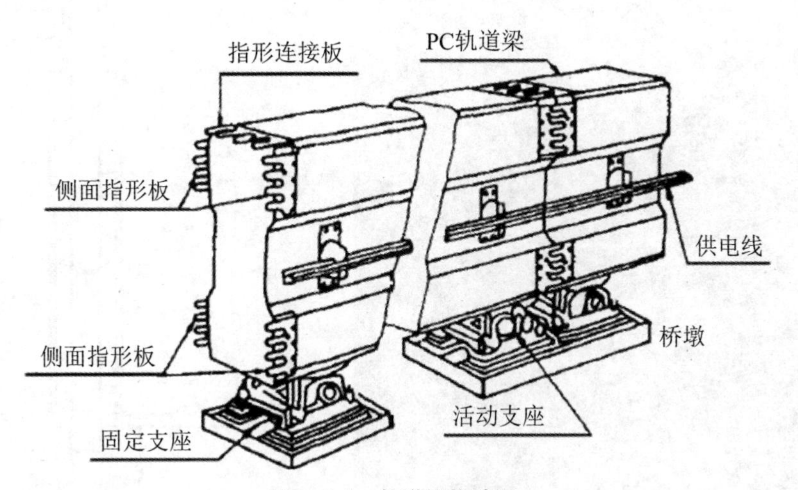

图 2.6.1　轨道梁构造图

如图 2.6.2 所示,跨座式 PC 轨道梁承拉铸钢支座是连接 PC 轨道梁与墩台的重要部件,它能够将 PC 轨道梁上的荷载有效地传递到墩台上,其结构部件的上端是浇筑在 PC 轨道梁体内的,而下端是靠四根长为 950 mm、直径为 36 mm 的锚固螺杆固定在墩台上,锚固螺杆的安装力矩为 800 N · m,其结构如图 2.6.3(a)和图 2.6.3(b)所示。正是由于锚固螺杆的工作环境处于混凝土和钢制锚箱的屏蔽下，且其受力情况复杂，螺杆数量庞大，以致一般的无损监测方法难度大、效率低，这给跨坐式轨道交通的运行留下了严重的安全隐患，所以研发一套有效的锚固螺杆及整个轨道梁的健康检测对跨坐式轨道交通的安全运行至关重要。

图 2.6.2 轨道梁承拉铸钢支座

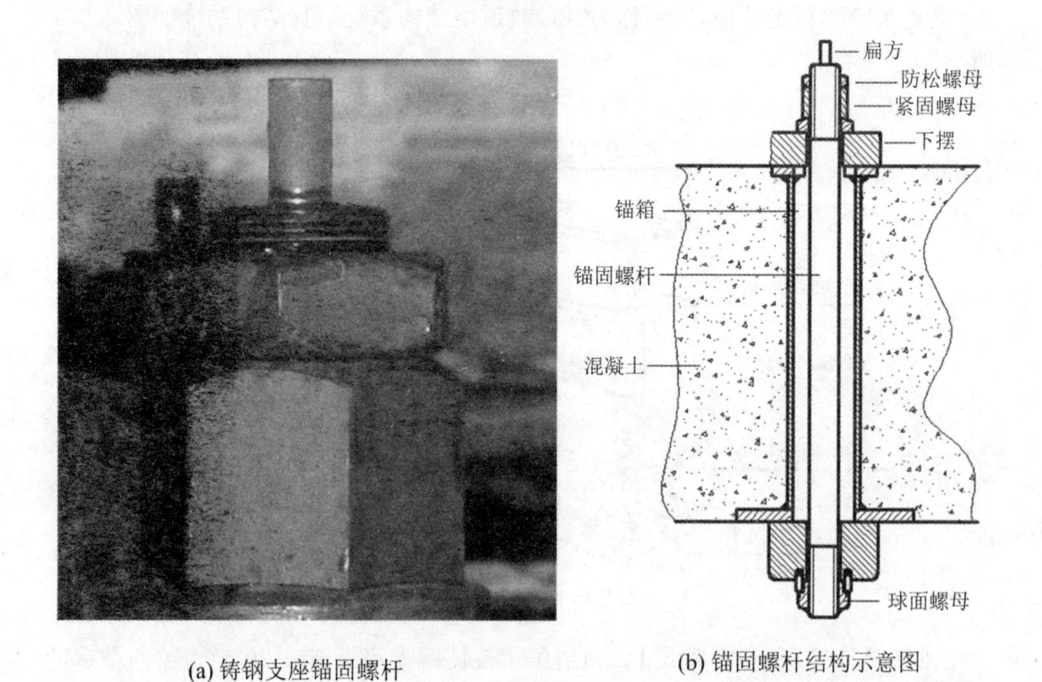

(a) 铸钢支座锚固螺杆 (b) 锚固螺杆结构示意图

图 2.6.3 铸钢支座锚固螺杆及其结构示意图

本案例通过对锚固螺杆振动信号的分析处理，实现了对重庆跨坐式轨道交通轨道梁铸钢支座的锚固螺杆健康状况变化及损伤情况的监测，对锚固螺杆紧固螺母的松动与失效等故障情况进行了分析判断，这对保障跨坐式单轨交通的安全运行具有重要意义，本案例研究的检测及分析方法可应用于类似结构的固件松动检测当中，也可为其他工件探伤提供参考。

6.2　工作原理

6.2.1　振动信号采集

由于在跨坐式单轨交通运行时间长，不便于现场采集轨道梁铸钢支座锚固螺杆振动信息，在实验研究初期以模拟轻轨现场环境而建造的1∶1实验台为研究对象，通过人为改变螺杆力矩以获得故障螺杆信号样本进行实验，在验证了支持向量数据描述方法对锚固螺杆的故障诊断可行后，再将该方法运用到轻轨现场的在役锚固螺杆的故障诊断中。

为方便实验研究工作的开展，模拟轻轨现场环境建制了如图2.6.4所示的实验台。轻轨PC轨道梁及其支座系统的结构复杂，包括墩台、轨道梁、支座（由上摆和下摆组成）以及锚固螺杆和螺母（包括防松螺母和紧固螺母）。实验台简化了现场轻轨支座系统的结构，但保留了检测锚固螺杆所需要的关键结构，其建造大小、所使用的构件以及构件的安装方式都与轻轨现场完全相同，实验证明该实验台可以很好地模拟现场环境，给锚固螺杆的故障诊断研究提供了极大的方便。

图2.6.4　实验台

由于轻轨铸钢支座锚固螺杆受众多恶劣环境因素的影响，其故障的种类也多，其中对轻轨安全运营影响最大的故障类型就是锚固螺杆断裂和松动。对于锚固螺杆断裂的情况，超声波检测对其比较敏感，可以很好地检测出其断裂情况，振动检测技术主要负责检测锚固螺杆松动情况，本案例主要通过分析处理锚固螺杆的振动信号来判断其松动情况。[1]在实验台上模拟锚固螺杆松动情况是非常方便的，其具体方法就是用扭矩扳手给螺母施加不同大小的力矩，按上述方法改变螺杆的紧固力矩，力矩范围为 300～800 N·m，得到 4 根锚固螺杆分别在不同力矩下相应系统的一批振动信号如下：

0 号锚固螺杆：力矩为 320～800 N·m，步长为 40 N·m；力矩为 310～790 N·m，步长为 40 N·m；

1 号锚固螺杆：力矩为 320～800 N·m，步长为 40 N·m；力矩为 310～790 N·m，步长为 40 N·m；

2 号锚固螺杆：力矩为 320～800 N·m，步长为 40 N·m；力矩为 310～790 N·m，步长为 40 N·m；

3 号锚固螺杆：力矩为 300～520 N·m，步长为 20 N·m；力矩为 560～800 N·m，步长为 40 N·m；力矩为 310～790 N·m，步长为 40 N·m；力矩为 300～780 N·m，步长为 40 N·m；

每次测量重复三次，这样 0～2 号杆各有 78 组输入输出信号，3 号杆有 174 组输入、输出信号，总共 408 组输入、输出信号。

6.2.2 振动信号预处理

在采集锚固螺杆振动信号时，由于诸多环境因素及仪器误差和人为误差的影响，采集到的振动信号不能直接用于后期的螺杆故障诊断分析，还需对其进行有效激励信号选取、信号重采样、脉冲响应信号等前期信号预处理。

1. 有效激励信号的筛选

自动采集系统采集到的振动数据是通过响应信号相关性判断其有效性的，也就是说，如果激励信号出现故障而响应信号波形看似正常，或者由于力传感器原因使得采集到的激励信号数据失真而响应信号却仍正常时，自动采集系统将无法给出信号无效的识别，而这种信号在本系统中即使得出锚固螺杆紧固螺母松紧的结论也是不可信的。因此，需要在将现场信号输入该系统之前，把这种信号筛选出来。对于这些锚固螺杆只有重新采集数据才能判断其健康状况。

通过对大量现场数据的观察发现，激励信号故障的情况从频域上看大多数是以下两种情况：一种是激励信号的频域波形振荡，即出现“连击”现象（图 2.6.5）；另一种现象是该波形呈一个尖脉冲形状（图 2.6.6）。

分析这两种情况的规律，就可以找到有效的筛选方法，将它们挑选出来。由图可知，与正常信号（图 2.6.7）相比，振荡信号的峰值较多，那么只要发现激励信号的频域波形峰值超过一个，就可以认为它是无效信号，即可将其从正常信号中筛选出来。而对于频域呈尖脉冲的信号，因为时域向频域转换需要通过傅里叶变换，故由傅氏变换原理，对长度为 N 的有限长序列 $x(n)$，它的 DFT 变换为如式(2.6.1)所示，即只有当时域波形为一条直线的时候，频域才会呈一个尖脉冲信号。因此，只要观察时域，筛选出波形为一条直线的信号即可。

$$X(k) = \sum_{n=0}^{N-1} x(n) W_N^{nk}, \quad W_N = e^{-j2\pi/N}, \quad k = 0,1,\cdots,N-1 \tag{2.6.1}$$

综上，即对自动采集到的信号进行预处理后，便可得到系统认为“有效”的激励信号和锚固螺杆响应的振动信号，以便进行后续的振动信号分析处理。

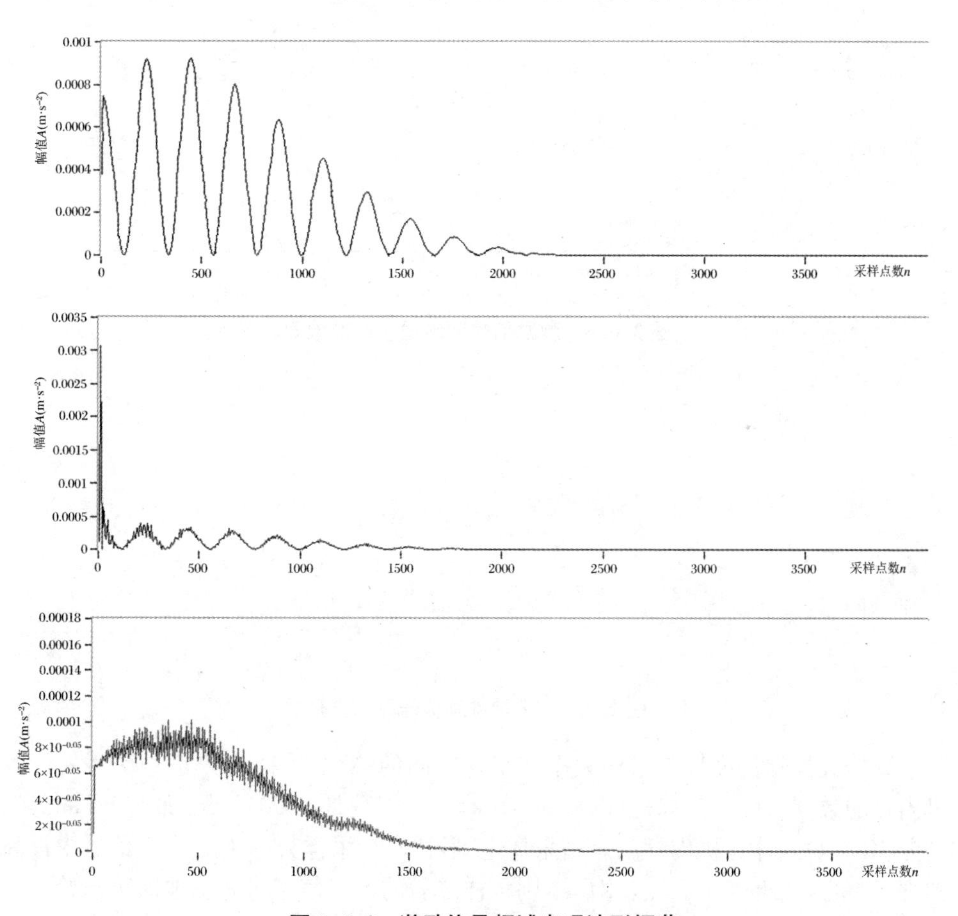

图 2.6.5　激励信号频域出现波形振荡

2. 信号重采样

用于故障诊断实验的轻轨现场锚固螺杆振动信号是分别由两批采集完成的，由于前后两次采集程序的修改，使得两次螺杆信号的采样点数不同，这不利于后期的诊断分析，因此需对不同采样点数的信号进行重采样，使其达到相同点数，以便后续处理。

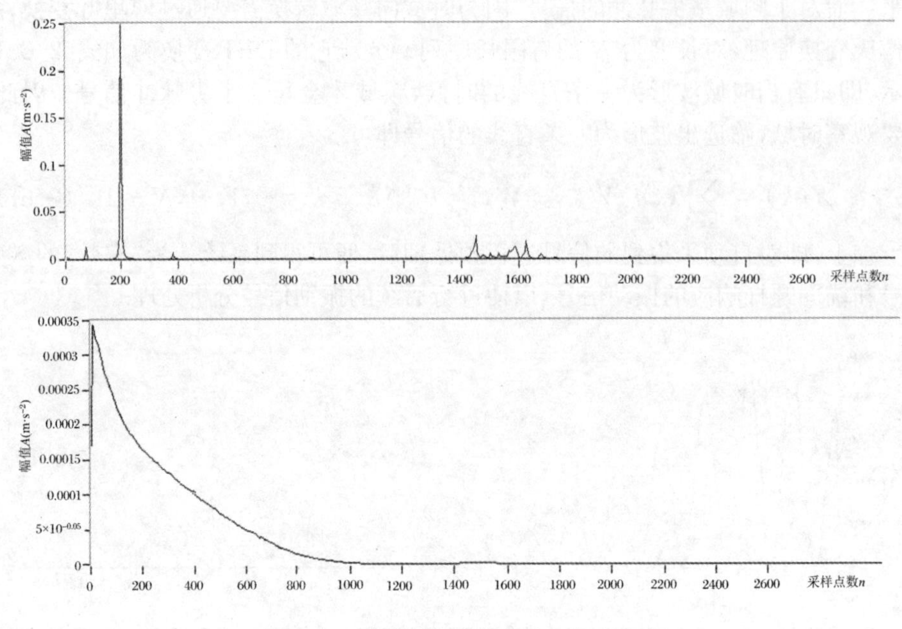

图 2.6.6 激励信号频域呈尖脉冲波形

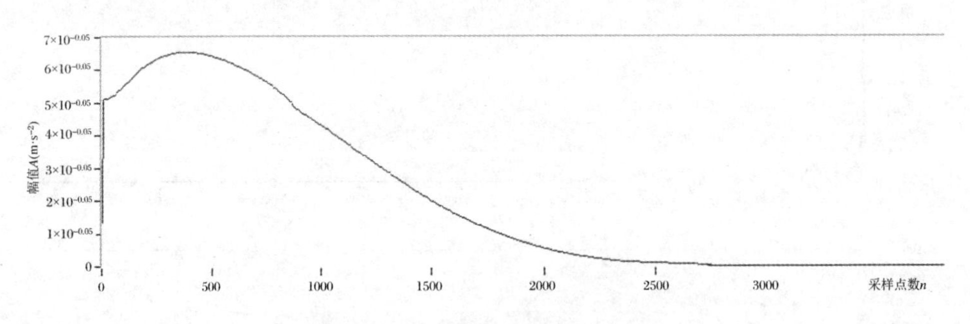

图 2.6.7 正常激励信号频域波形

数据文件的长度等于采样频率与采样时间的乘积，采样点数是一次写入计算机内存的数据长度。例如采样频率是 10k，采样点数是 1000 个点，那么 1 s 的数据是分 10 次写入计算机内存的。由采样定理可知，当采样频率 f_{smax} 大于信号中最高频率 f_{max} 的 2 倍时，即 $f_{smax} \geqslant 2f_{max}$，则采样之后的数字信号将完整地保留原始信号中的信息。在实际的锚固螺杆振动信号采用中，需要采 3～5 倍的最高估计频率。采样点数也就是时长，与频率分辨率有关，点数越多则所含的信息量越大，频率分辨率越高。

对于现场数据而言，两次采样点数分别为 2046 点和 2000 点。考虑到重采样后数据的可靠性，预处理时均是将采样点数多的数据减少。那么，为满足采样定理的条件，只要将采样点为 2046 时量化了的数据组成的包络线，再重新采 2000 个点即可实现信号的重采样。

经过上述方法的二次筛选，现场所有有用数据都被提取出来，同时不同采样点数的信号也被转化为采样点数完全相同的脉冲响应信号，便于下一步的处理。

3. 脉冲响应信号

在采集锚固螺杆振动信号时，很难做到每根螺杆的振动激励信号都绝对一致，振动激励信号的偏差势必会给振动响应信号带来偏差，即螺杆的振动响应信号不能完全反映螺杆系统的本质特性，若只将振动响应信号作为分析螺杆故障的依据，很难得到准确的故障诊断结果，因此考虑提取能反映其系统本质的脉冲响应信号。脉冲响应是通过测量得到的系统输入、输出来学习系统的响应特性，是研究系统特性的一种重要手段。

设 u_k 为采样到的离散激励信号，y_k 为采样到的离散振动响应信号，其中，$k=1,\cdots,N$，根据数字信号理论中对脉冲响应函数 h_k 的定义有

$$y_k = u_k h_k \tag{2.6.2}$$

其中，h_k 表示对系统输入为脉冲信号时的响应。

本案例通过以下方法来得到脉冲响应函数：先计算出振动信号的相干传递函数，然后通过 FFT 逆变换来得到脉冲响应函数：

$$H_k = \frac{G_k(y,u)}{G_k(u,u)},\quad h_k = IFFT(H_k) \tag{2.6.3}$$

其中，$G_k(y,u)$为信号 y 和 u 的互功率谱，$G_k(u,u)$为信号 u 的自功率谱，h_k 取实数部分。

在计算锚固螺杆的脉冲响应信号时，脉冲响应信号的点数取512。图2.6.8是由某一锚固螺杆(以 Y101－08 D101－11 1＃杆为例)的激励信号和振动响应信号，图2.6.9为其相应的相干传递函数和脉冲响应信号。

6.2.2 振动信号特征提取

经过实验验证，当锚固螺杆的紧固力矩在560～800 N·m时，用扭矩扳手去扭紧，紧固螺母也未必会发生移动即螺杆不会出现明显的松动，而紧固力矩在560 N·m以下的螺杆松动会比较明显。因此，在实验中把紧固力矩在560～800 N·m时的锚固螺杆作为正常螺杆，即目标样本、把紧固力矩在560 N·m以下的锚固螺杆作为故障螺杆即非目标样本进行实验，计算各锚固螺杆的脉冲响应信号，并对其脉冲响应信号进行提取，包括 Tx 算术平均值、首个衰减波的频率、上升波频率平方平均值[2]、小波波包31频带平方平均值[3]、小波波包33频带平方熵、振型小波波包31频带的平方平均值[4]、振型小波波包34频带的平方熵的七个特征[5]，各特征与螺杆力矩的关系如图2.6.10～图2.6.16所示，各图中横坐标为力矩，纵坐标为各特征的值，所提取的信号特征能很好地反映锚固螺杆紧固力矩变化的情况，可作为诊断螺杆松动情况的依据。

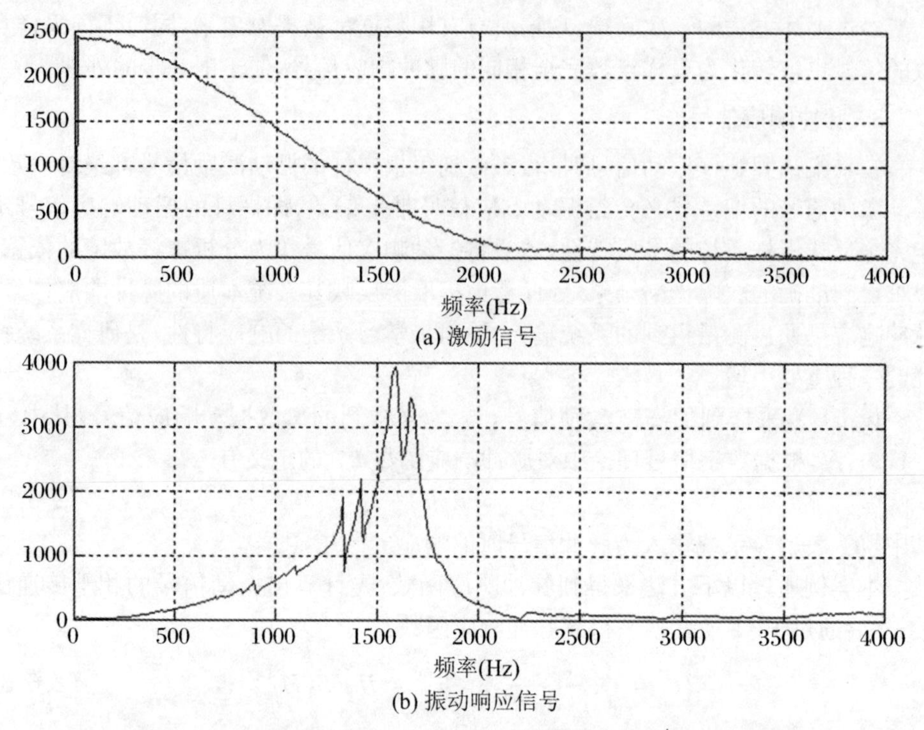

图 2.6.8　Y101－08 D101－11 1＃杆的激励信号和振动响应信号

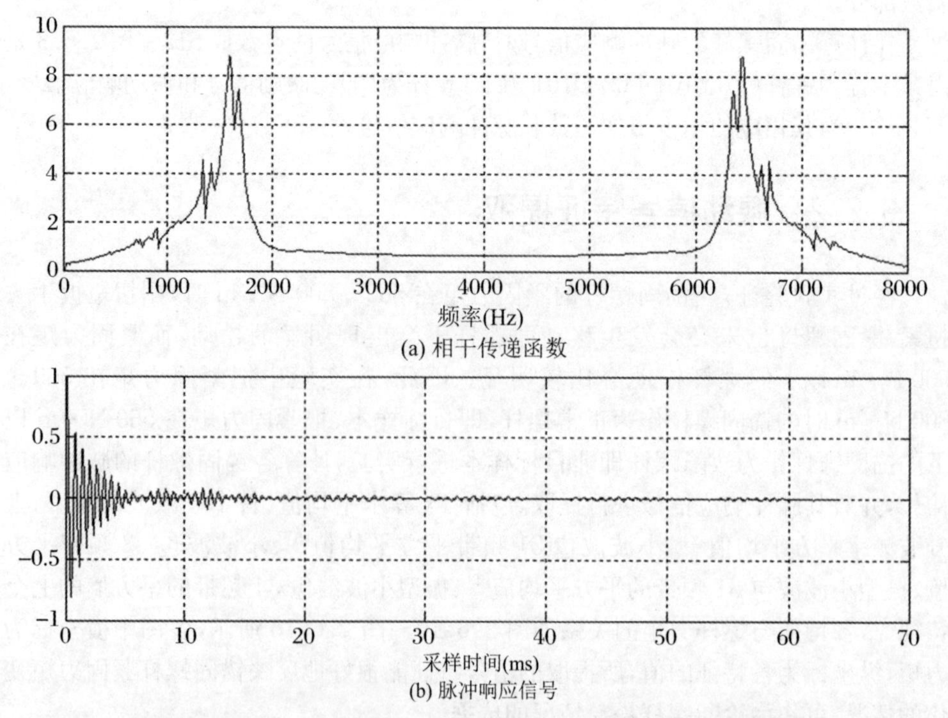

图 2.6.9　Y101－08 D101－11 1＃杆的相干传递函数和脉冲响应信号

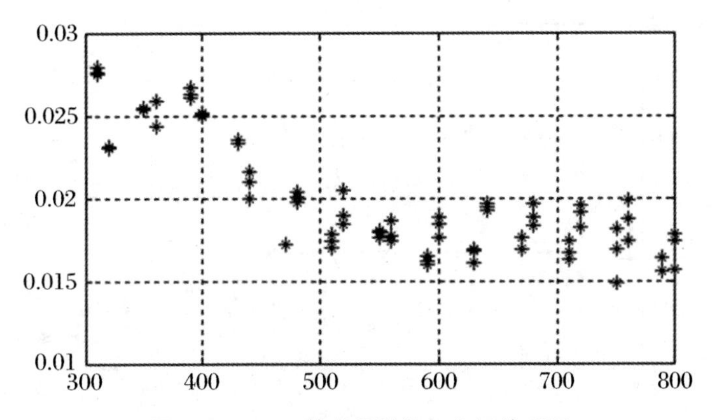

图 2.6.10　Tx 算术平均值与力矩关系图

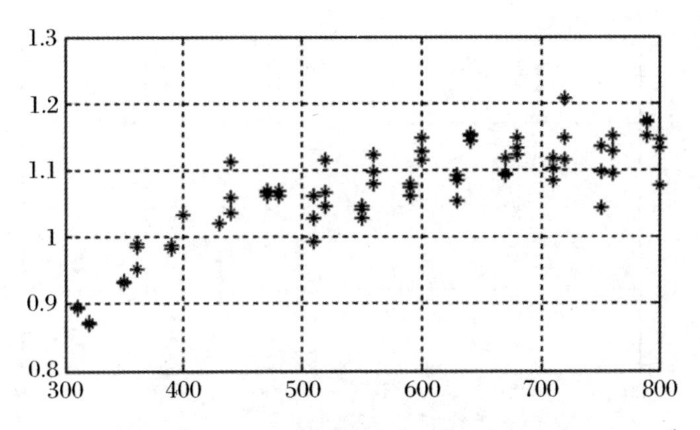

图 2.6.11　首个衰减波的频率与力矩关系图

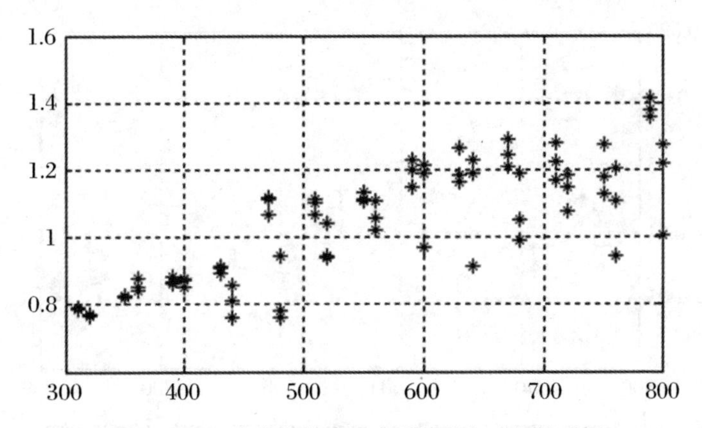

图 2.6.12　上升波频率平方平均值与力矩关系图

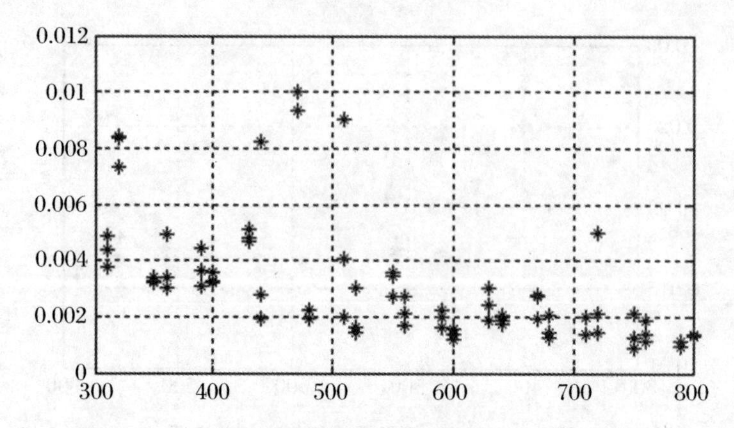

图 2.6.13　小波波包 31 频带平方平均值与力矩关系图

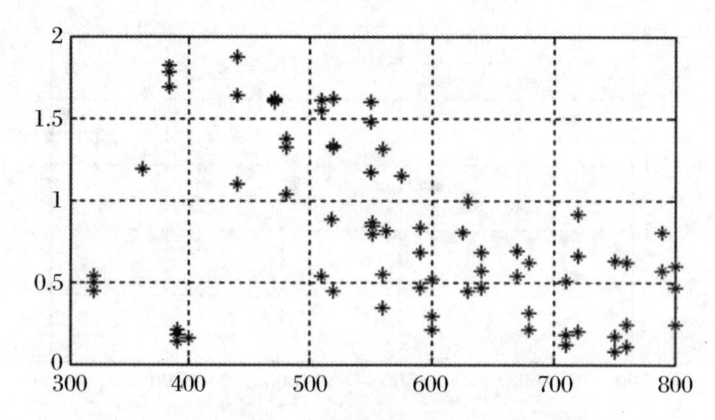

图 2.6.14　小波波包 33 频带平方熵与力矩关系图

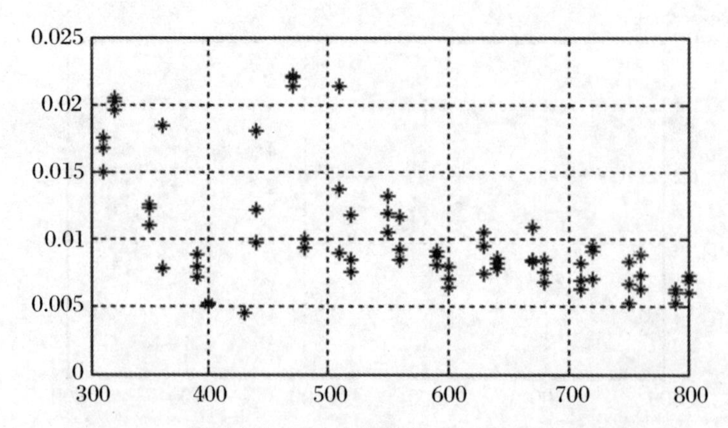

图 2.6.15　振型小波波包 31 频带的平方平均值与力矩关系图

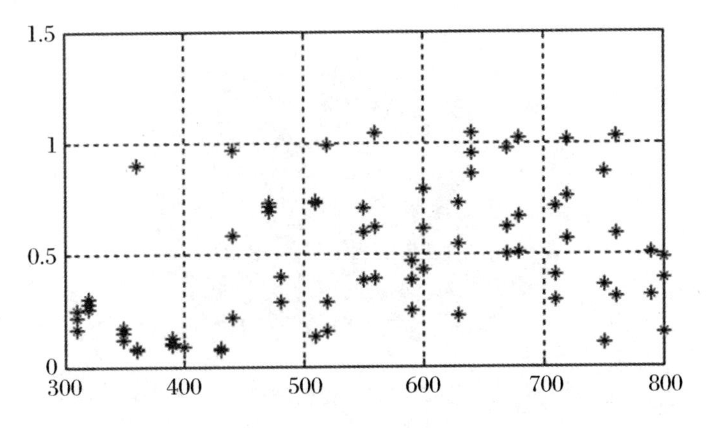

图 2.6.16　振型小波波包 34 频带的平方熵与力矩关系图

6.3　实验结果

在提取到锚固螺杆振动信号的特征后，将支持向量数据描述方法（support vector data description，SVDD）[6]对其进行分类判别。由于现场锚固螺杆的特殊性，缺乏故障螺杆样本，但又不可能像在实验台上的锚固螺杆那样可以用扭矩扳手将其扭松，即很难获得人为构造的故障螺杆样本，因此，考虑在建立 SVDD 分类器时所使用的训练样本全部为正常螺杆样本，即训练集为纯目标样本。

SVDD 分类器训练样本数据准备，分别在不同时间段对轻轨现场锚固螺杆进行了三次测量，共计检测现场服役锚固螺杆数据 9112 组，经过初步筛选，有 571 组"错误"数据被过滤出来，其余 8541 组有效数据分别表示 2847 根锚固螺杆的三次现场测量数据，取经过人工筛选信号和现场排查确认正常的 800 根螺杆的数据作为训练样本。

为了使 SVDD 分类超球面更紧致，设置高斯参数 σ 为 3，在训练 SVDD 分类器时，分别直接用选出的 800 根螺杆的脉冲响应信号作为训练样本，对其进行特性提取后的数据作为训练样本两种情况，由于超球面很紧，致使未提取特征的训练样本中的 12 根螺杆数据被排除在其相应的超球面外，占训练样本的 1.50%；提取特征后的训练样本中的 9 根螺杆数据被排除在其响应的超球面外，占训练样本的 1.13%，按上述方法建立起两个 SVDD 单值分类器，并以此分类器对剩下的 2047 根螺杆进行故障诊断，诊断时以螺杆的第三次测量数据为诊断样本，也分为未提取特征和提取特征两种情况，其诊断出的故障螺杆数目结果如图 2.6.17 所示。

从图 2.6.17 可以看出两种情况下 SVDD 分类器检出的故障锚固螺杆数目，

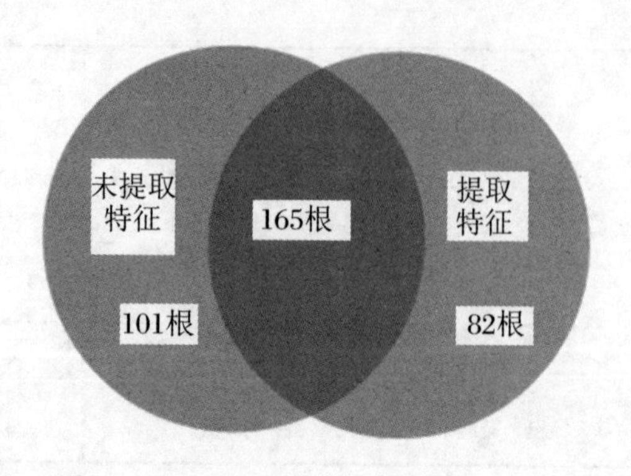

图 2.6.17 诊断结果

其中未提取特征时检测为故障的螺杆有 267 根,提取特征后检测为故障的螺杆有 247 根,两种情况下同时检测为故障的螺杆有 165 根。到轻轨现场对这些检测出为故障的共 238 根螺杆进行一一排查,排查方式为用 800 N·m 的扭矩扳手逐根扭紧,排查结果为:两种情况同时检测为故障的 165 根螺杆中有 107 根可以轻松扭紧存在严重的松动,26 根不易扭紧存在轻微松动,32 根不能扭紧即为正常螺杆;仅在未提取特征情况下检测为故障的 101 根螺杆中有 15 根出现严重松动,28 根存在轻微松动,58 根为正常螺杆;仅在提取特征情况下诊断为故障的 82 根螺杆中有 11 根存在严重故障,36 根存在轻微故障,35 根为正常螺杆。即在两种分类器检测为故障的 348 根螺中,有 223 根螺杆确实存在故障,另外 125 根为正常螺杆。在两种分类器都检测为正常的 1699 根螺杆中随机选取 500 根螺杆(占样本总数的 29%)进行现场一一排查,结果未发现螺杆松动情况。计算系统的漏检率为0.0%,冤检率为 6.1%,正确率为 93.9%。

图 2.6.18 和图 2.6.19 分别列出了检测出的正常锚固螺杆(以 Y216－39 D216－39 2＃杆为例)与故障锚固螺杆(以 Y201－11 D201－11 1＃杆为例)的脉冲响应信号。这是完全正常的螺杆和严重松动的螺杆的脉冲响应信号,它们之间的区别比较明显,即前者的脉冲响应信号频率明显高于后者的脉冲响应信号频率。由于实际螺杆的故障不只松动一种,每一种故障的存在都会影响螺杆的振动响应信号进而影响其脉冲响应信号,因此,实际大量正常螺杆与故障螺杆脉冲响应信号的区别是很难用肉眼观察出的,轻轨锚固螺杆故障发生故障的特殊性也是造成系统在对锚固螺杆进行故障诊断时冤检率偏高的一个原因,另一方面系统没有出现漏检情况,这很好地满足了轻轨现场锚固螺杆故障诊断的实际要求,所以从总体诊断效果而言,使用本案例方法对轻轨锚固螺杆的故障诊断是可行的也是有效的。

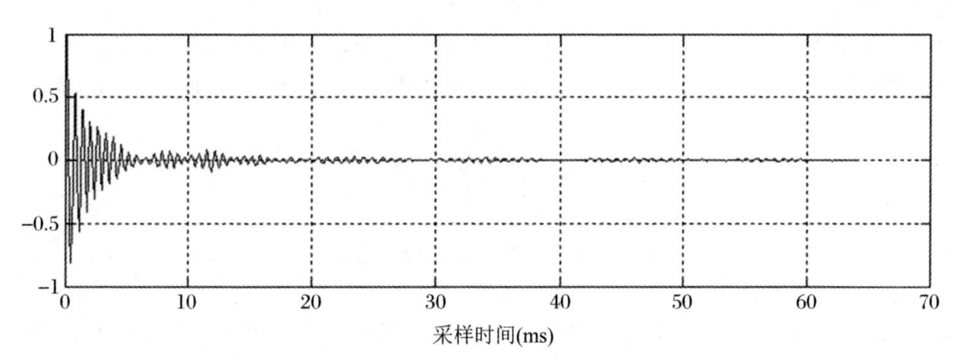

图 2.6.18　正常在役锚固螺杆脉冲响应信号

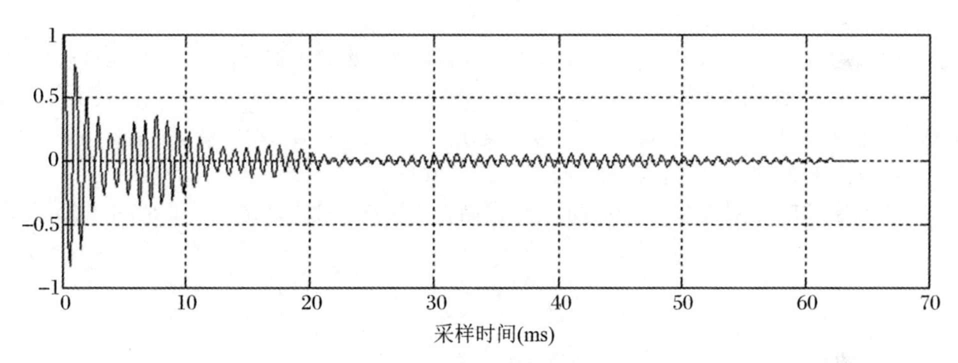

图 2.6.19　故障锚固螺杆脉冲响应信号

6.4　案例小结

重庆是我国首次从日本引入跨坐式单轨交通的城市，这种交通方式具有爬坡能力强的特点，很适合重庆的地形。跨坐式单轨交通是一种非常好的交通方式，但要使其安全运行还需要一整套对车辆和轨道梁的健康检测技术，其中轨道梁健康检测技术无法从日本引进，这相当于卡住了跨坐式单轨交通安全运营的脖子。在本书作者研究生导师科研团队的共同努力下，自主开发了一整套跨坐式单轨交通轨道梁健康检测系统，本案例是该系统中的一部分。实验结果表明，本案例方法很好地解决了轻轨现场螺杆的故障诊断难题，有效保障了重庆跨坐式单轨交通的安全运行。

从本案例中，我们也看到了科技自强的重要性，科技自立自强是我国科学技术进入新发展阶段的必然选择。只有加快实现科技自立自强，推动科技创新整体能力和水平实现质的跃升，才能在新一轮科技革命和产业变革中抢占制高点。当前，我国科技实力正处于从数量积累向质量跃升的关键时期，科技创新由跟跑为主转向更多领域并跑、领跑。青年学者们应当不断提升创新意识和科研能力，要敢于挑战科学和技术难题，勇闯“无人区”，破解“卡脖子”技术、实现科技创新自立自强。

参 考 文 献

[1] 陈聪，朱汉华，吴洁，等.基于奇异值分解方法的轴承故障振动信号降噪分析[J].中国修船，2023，36(04)：38-43.

[2] 向瑾，林荣，吴献，等.基于信号时频分析的推焦杆故障分析[J].机械工程与自动化，2023(04)：129-131.

[3] 彭彦军，王璐，潘宁波，等.基于小波包能量谱与支持向量机的断路器机械故障诊断[J].机电工程技术，2023，52(07)：159-163.

[4] 张黎，王振全.基于小波分析与支持向量机控制图混合模式识别[J].郑州航空工业管理学院学报，2023，41(04)：64-72.

[5] 樊翔翔，项载毓，孙瑞雪，等.基于小波时频分析和 Inception-BiGRU 模型的盾构滚刀偏磨故障诊断[J].振动与冲击，2023，42(15)：232-240.

[6] 张馨月. 基于支持向量数据描述的工业产品表面缺陷的检测研究[D].北京：中央财经大学，2022.

案例 7　冰箱传感器线束检测

7.1　案　例　背　景

冰箱是人们生活中常用的一种家用电器。冰箱通过冷藏、冷冻温度传感器感知温度，为控制器提供依据，进而控制温度变化实现冰箱的冷藏、冷冻功能。冰箱的冷藏、冷冻温度传感器线束在生产过程中容易出现错位、乱序等问题，且由于其特殊性很难用传统线路导通或人工方式进行检查，这些问题会导致冰箱冷藏、冷冻功能调换或工作异常。若冷藏、冷冻功能异常的冰箱未被及时检查到，流入到用户端，会给用户带来极其不好的使用体验，同时也会给企业带来了很大经济损失和形象损失。

重庆金龙科技有限公司为海尔、美的等多个知名冰箱品牌生产提供冰箱传感器线束，该公司就面临上述冰箱传感器线束问题。笔者通过实地考察，利用信息处理技术反复实验，提出了一种基于视觉和阻值变化的冰箱温度传感器线束检测方法，相较于现有的传统方法具有高效、准确的特点。本案例将介绍该方法的工作原理和实验结果。

7.2　工　作　原　理

7.2.1　系统总体架构

冰箱温度传感器线束检测方法总体架构如图 2.7.1 所示，主要分机器视觉系统和阻值检测系统。机器视觉系统主要包括采集已连接完成线束的图像并将其导入处理系统中，图像经过预处理滤除图像中多余的杂质信息[1]，并对其进行灰度图转换、边缘检测、二值化处理，从而获取所需的轮廓值坐标；其次对需要检测的线头孔位进行定位采样提取其 R、G、B 值，并将获取的 R、G、B 值与此孔位对应的正确颜色 R、G、B 进行对比，判断出其正误。[2] 针对工业中出现的灰白两线极易插错的痛点问题，通过不同温度下测得的对应传感器阻值误差变化率，根据阻值误差斜率对比图再次判断插位正误。

该线束检测系统可以判断多种线束颜色及其顺序是否正确，同时利用传感器阻值误差变化曲线，对传感器类型进行判别，实现了双重保障效果，解决了冰箱传感器线束生产过程中，难以检出错位、乱序的问题，可有效避免企业产品不达标等情况，提高冰箱传感器线束正品率。

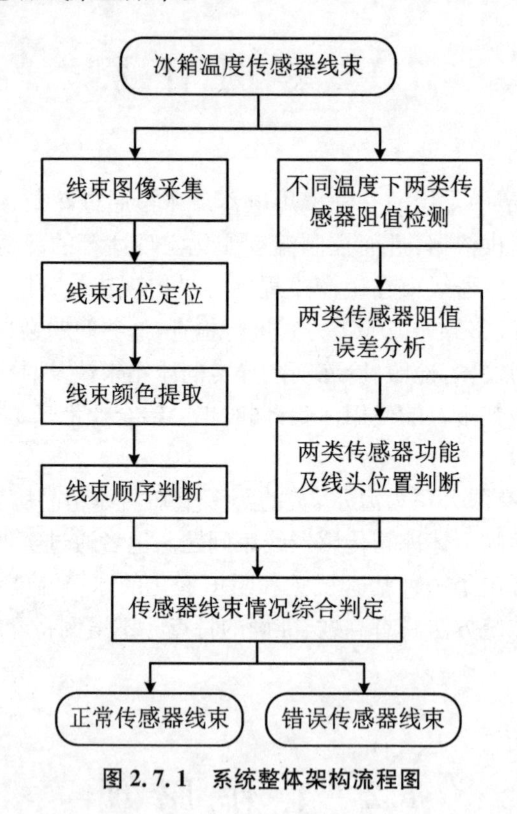

图 2.7.1　系统整体架构流程图

7.2.2　机器视觉检测

(1) 线束图像采集

图 2.7.2 展示了接线正确和错误的两组图像的识别过程。这两组图像均来源于工业相机实时拍摄，模拟了真实的工艺检测环境。每组图像使用相同背景，最大程度上提取最有利的特征信息进行判别。

(2) 转化为 HSV 格式

应用 OpenCV 中的 cvtColor 函数进行颜色通道转换，设置白色对应的色调、

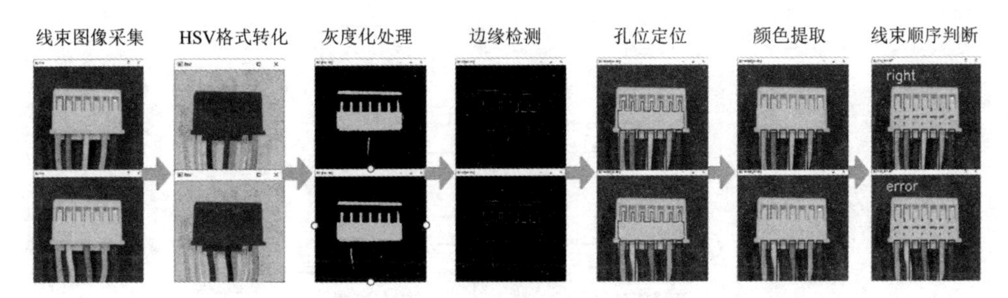

图 2.7.2　视觉识别过程

饱和度和亮度高低范围值，通过 inRange 函数筛选色彩信息（即光谱颜色位置）、比例值、明亮程度，将图像中不是白色的信息滤除，利用 bitwise_and 函数在原图上展示筛选后的部分，以便后续处理。

(3) 灰度化处理和边缘检测

通过颜色通道转换函数 cvtColor 将在(2)中处理后的图像进行灰度图转换，使每个像素只需一个字节存放灰度值。为了检测更加精确，同时用 erode 进行腐蚀化处理去除多余噪声。并且为了剔除无关信息，保留图像重要结构属性，使用 Canny 算子对图像进行边缘检测。[3]

(4) 轮廓提取

通过 threshold 函数对图像进行二值化处理，使图像中的数据量减少，从而凸显出目标轮廓，其中阈值类型参数选用 THRESH_BINARY，应用 OpenCV 中的 findContours 和 boundingRect 函数分别设置轮廓的检索模式和轮廓的参数，其中本案例采用的轮廓检索模式为等级树结构轮廓。[4]

(5) 图像取样

通过计算得到图像的 x、y 坐标，在 x 和 y 方向上分别扩展 30 和 370 个像素点作为第一个线头所在区，此后依次沿着 x 方向扩展 43 个像素点，从而确定每一个线头所在区域，在原图上应用 rectangle 在线头所在区域绘制矩形框。通过对实际线束特点的分析发现，根据线头矩形框坐标，依次沿着 x 和 y 方向上分别扩展一定的像素点，将得到一个新的线头子区域，此区域完全包含于线头内，不含背景色。若某孔位不插线头（即为空孔），则获取的子区域完全为背景色。

7.2.3　传感器阻值检测

传感器阻值检测系统主要针对传感器线束生产过程中容易出现灰白两线极插错，导致冷藏、冷冻传感器位置互换，进而使冰箱出现冷藏、冷冻功能异常的问题。系统通过不同温度下测得的对应传感器阻值误差变化率对比图对灰白两线极插位是否正确进行判断。该系统工作流程如图 2.7.3 所示。

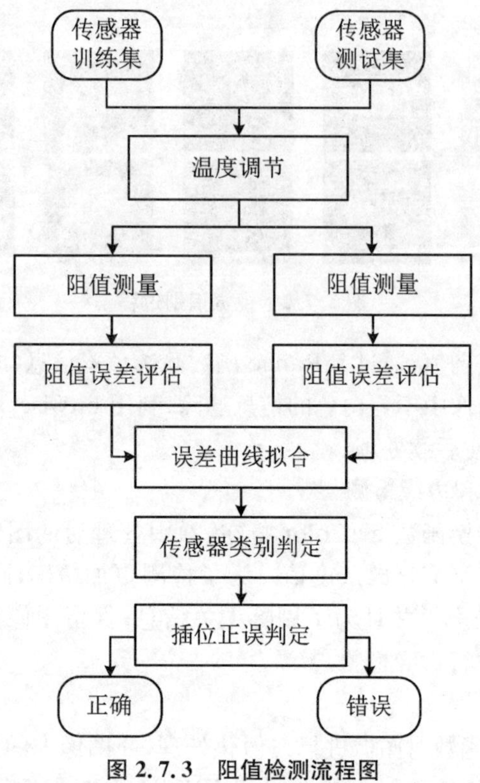

图 2.7.3 阻值检测流程图

7.3 实验结果

(1) 机器视觉判断结果

预先设置正确插入孔位的线头颜色的 R、G、B 值范围，通过 np.mean 分别提取子区域中每一个像素点的 R、G、B 值，并取平均值，判断其是否在预先设置的正确线头颜色 R、G、B 值的范围内，若处于该范围内，利用 putText 函数用绿色字体写出对应空位的序号、颜色简写(颜色判断结果简写对照表如表 2.7.1 所示)和判断结果，若不在该范围内，则用红色字体写出对应孔位的序号、els 和判断结果，判断结果分别用 T 和 F 表示。按照上述方法对所有孔位的子区域依次从左到右进行判断，如图 2.7.4 所示将最终判断结果在图像的左上角显示，若正确，显示为 right，反之显示为 error。

表 2.7.1　颜色判断结果简写对照表

简写	全称	中文
yel	yellow	黄色
gra	gray	灰色
whi	white	白色
gre	green	绿色
bla	black	黑色
red	red	红色
blu	blue	蓝色
bro	brown	棕色
pur	purple	紫色
emp	empty	空孔
T	true	正确
F	false	错误

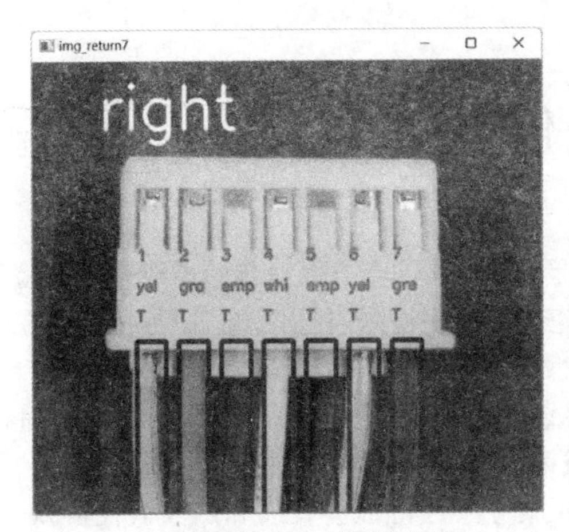

(a) 正确线束的判定结果图

(b) 错误线束的判定结果图

图 2.7.4　传感器线束判定结果图

(2) 传感器阻值判断结果

以 337 型冷藏传感器和 338 型冷冻传感器为例，进行传感器阻值检测。如图 2.7.5 所示，根据两类传感器在 -20～10 ℃之间多组阻值变化情况进行分析，得出两传感器阻值误差斜率变化差异较大，若阻值误差曲线呈线性变化，且斜率较大的，则认定为冷冻传感器，反之则为冷藏传感器。实验证明，通过传感器阻值误差变化曲线可以很好地判断出冷冻冷藏传感器功能是否正常以及其线束插位是否正确。

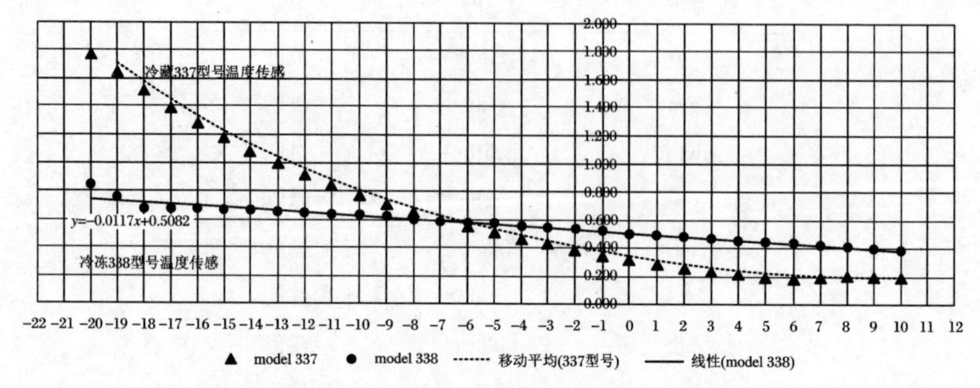

图 2.7.5 −20～10 ℃温度下两类传感器阻值误差变化图

机器视觉和传感器阻值误差变化分析两种方法具有极强的互补性，冷冻、冷藏传感器所连接线头分别对应灰、白两色，在机器视觉方法下二者颜色的阈值范围较为相近，会影响判断结果，结合冰箱温度传感器在不同温度下测得的阻值误差变化分析，可以将两种方法的优势互补，冰箱传感器线束异常检出率可达 99.19%，有效保障了冰箱传感器线束生产的正品率。

7.4 案例小结

本案例从机器视觉和传感器阻值误差变化分析两个方面对传感器线束进行检测。分别利用机器视觉技术对传感器线束进行线序检测，利用冷藏、冷冻传感器在不同温度下的阻值误差变化率对两类传感器是否正常工作及其连线是否正确进行判定。该冰箱线束检测系统解决了冰箱线束生产过程中人工插线产生了错位、乱序等情况后难以检测的问题，可在类似线束检测上进行推广应用。

科学研究既要追求知识和真理，也要服务于经济社会发展和广大人民群众。尤其是工程技术方面的科学研究，更应该深入企业，用先进的技术为企业解决难题，助力企业发展。广大青年朋友们要树立大局意识，跟进时代热点，努力拼搏，迎难而上，为传统产业的智能化升级贡献自己的力量。

参考文献

[1] Xiang S. Industrial Automatic Assembly Technology Based on Machine Vision Recognition[J]. Manufacturing Technology: Engineering Science and Research Journal, 2021, (1):21.

［2］ Wang W，Chen Z，Yuan X，et al. Adaptive Image Enhancement Method for Correcting Low-Illumination Images[J]. Information Sciences，2019，496.

［3］ Rahmawati S，Devita R，Zain R. Prewitt and canny methods on inversion image edge detection：An evaluation[J]. Journal of Physics：Conference Series，2021. 1933（1）：8.

［4］ Flores-Vidal P，Castro J，Daniel Gómez. Postprocessing of Edge Detection Algorithms with Machine Learning Techniques[J]. Mathematical Problems in Engineering，2022.

案例8　页岩气管道运行在线监测

8.1　案例背景

页岩气是一种清洁、高效的能源和化工原料，页岩气技术的自主可控对我国能源安全、能源革命及“碳中和、碳达峰”目标的实现至关重要。重庆涪陵页岩气田是中国首个大型页岩气田，同时也是全球除北美之外最大的页岩气田，探明页岩气地质储量6000亿立方，已建成100亿立方产能。目前开采区域内页岩气集输管线长度已达到300千米，其中集气站内管道120千米，集气站外输气管道180千米。涪陵页岩气在满足重庆市需求的同时，通过川渝管道，源源不断地为成渝双城经济圈和长江经济带发展提供清洁能源。

由于涪陵页岩气需要长距离输送，因此其管道运行检测至关重要。而传统的人工页岩气管道运行监测不仅具有较高的成本，而且通常很难及时、准确地发现管线所存在的隐性问题。为避免重大安全事故，迫切需要可准确定位的无人值守型页岩气智能感知技术监测输气管道安全状况。为此，笔者所在研究团队深入涪陵页岩气田现场考察，根据页岩气采气输气过程的实际问题，运用分布式光纤传感技术[1-2]进行信号采集，运用信号分析与处理技术对页岩气管道数据进行分析，解决了页岩气输气管道沿线工作温度随工作进度、环境等变化和不均导致的泄露故障点判断难题，实现了泄露事件和事件点发生位置、时间的准确感知。

8.2　工作原理

8.2.1　页岩气管道数据采集

为解决页岩气管道数据采集问题，研究团队开展了光纤传感技术实时监测页岩气管道泄漏预警示范研究[3-5]，提出了基于微波混频的光纤布里渊散射解调技术，解决了布里渊分布式光纤传感信息获取问题，发展了基于光纤光栅的高灵敏点式光纤传感系统、基于拉曼散射的分布式光纤温度传感系统、基于相位解调的分布式光纤震动传感系统等。项目团队通过反复试验，最终确定了页岩气管道数据采集方案，即按照图 2.8.1 所示方式，运用分布式光纤传感技术在页岩气传输管道上布置 400 多个数据采集点，这些传感器每分钟向服务器发送管道实时数据，实现了对页岩气输气管道泄漏的实时监测和泄漏点的精准定位，为页岩气管道在线监测系统提供了良好的数据支撑。图 2.8.1 为涪陵页岩气 87 号集气站管道光纤传感布置现场图和点位示意图。

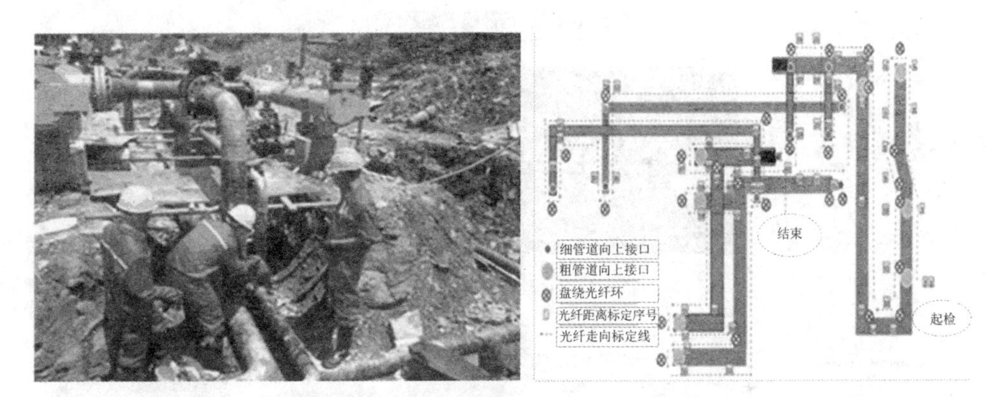

图 2.8.1　涪陵页岩气 87 号集气站管道光纤传感布置现场和点位示意图

8.2.1　页岩气管道数据处理

在采集到页岩气管道实时数据后，研究团队根据页岩气长距离输气管道的振动、温度分布情况，根据光纤传感数据反馈得到的光强、光谱以及相位等信息，建立了管道泄漏位置、泄漏大小等与光纤传感物理量之间的物理关系，通过分析不同场景、不同气候与不同地质结构等条件下输气管道泄漏与光纤传感数据的变化情况，建立页岩气管道泄漏监测模型，为其长距离输气安全的实时在线监测提供了支撑。

在此基础上，研究团队开发了页岩气管道运行在线监测数据处理系统，对页岩气管道数据进行分析、预警与图形化展示。该系统采用 B/S 架构设计，以 JSP 的技术实现了分析和展示数据的网页，后台数据是以分钟为单位的文本案例件，在用户的电脑上，用浏览器打开软件运行的网址使用。

系统运行需要一台服务器，可以是 Windows Server 的服务器，也可是 Linux 系统的服务器，服务器上安装 Tomcat8.5 及以上版本的软件并启动，服务器上还需要安装和运行支持 JAVA 语言的 JDK 和 JRE，再把本软件发布在服务器网站根目录下即可运行。

系统的核心功能主要是四个页面，系统主页展示系统的基本情况和用户关心的主要数据点。如果发生了管道泄漏报警，则可以跳转到报警位置的详情页面，找到报警的具体位置，便于现场排险。还有一个页面显示了当前各个传感器节点实时采集回来的温度值。

如图 2.8.2 所示，当用户输入网址：http://101.33.198.237:8080/monitor 之后，系统开始运行并显示主页。在主页的正上方，显示的是本系统名称，名称下方是各个页面的链接，点击之后可以跳转到相应的页面。

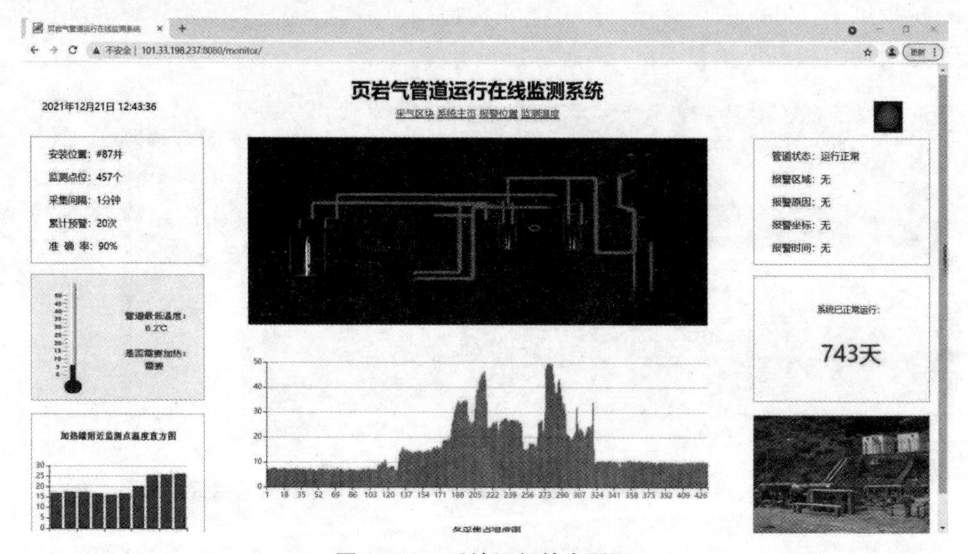

图 2.8.2　系统运行的主页面

页面中间上边的图像，显示了页岩气运输管线的状态，浅色代表的是运行正常的线段，如果有异常，将会在相应的区域显示深色的线段。中间下边的图像，显示的是所有采集点的温度值的直方图，可以看到图中每个点位的实时温度，根据温度变化情况，也能直观地看到是否有异常发生。

在页面的左边，分四个部分，最上边显示上当前系统的时间，第一个部分显示了系统当前的基本信息，包括监测的页岩气采集井的编号，布置的传感器节点个数，采集的间隔时间，发生的预警次数，以及验证后的报警准确率。

左边中间，显示的是所有采集点的温度的最低值，关注最低值是因为当温度过低时，为防止发生的页岩气运输堵塞，将启动加热炉给管道加热。本模块就是实时显示当前的最低温度并且提醒用户是否需要启动加热炉。

左边下边显示的是加热炉附近的温度变化情况，可据此看到加热炉启动后的效果，也可以从温度判断当前是否启动了加热炉。

右上角是一个运行状态监控图标，当图标为浅色时表示系统运行正常，当图标为深色时，表示当前存在泄漏的可能，需要人工检查确信是否发生了管道泄漏。图标下边的模块显示的是报警的详细信息，可以看到报警区域、报警原因、报警坐标、报警时间等信息，单击这个模块还可以跳到专门的报警页面。

右边中间显示的是已经正常运行的天数，如果发生了报警，将会替换为警灯闪烁的画面。右下角显示的是监控区域的地面的情况。

8.3　监测结果

8.3.1　页岩气管道运行异常位置提示

如图2.8.3所示，该页面是采气井下的管道工程图的简化版，浅色线段由传感器监测点连线而成，如果监测到的数据正常，则图上显示为浅色，如果有异常发生，则图上将显示为深色线段，提醒工程人员关注异常发生的位置。

右上角是运行状态图标，浅色表示运行正常，深色表示正在报警。右边中间显示的是报警的详细信息，特别是 X、Y 坐标，便于工人到现场检查泄漏情况。

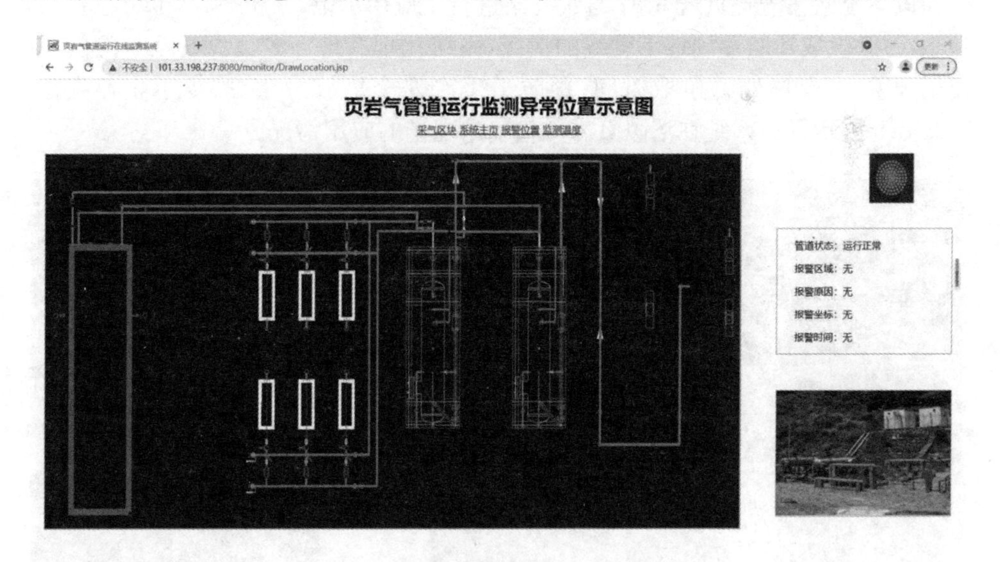

图2.8.3　管道运行异常位置提示

8.3.2　页岩气管道线各监测点的温度展示

如图2.8.4所示，对监测到的400多个监测点的温度，用直方图的形式予以展示，可以直观地看到整个管道中温度的变化情况。通过图形，能直观地看到有没有温度过高或温度过低的异常情况，也可以看到有没有温度突然快速变化等异常情况。

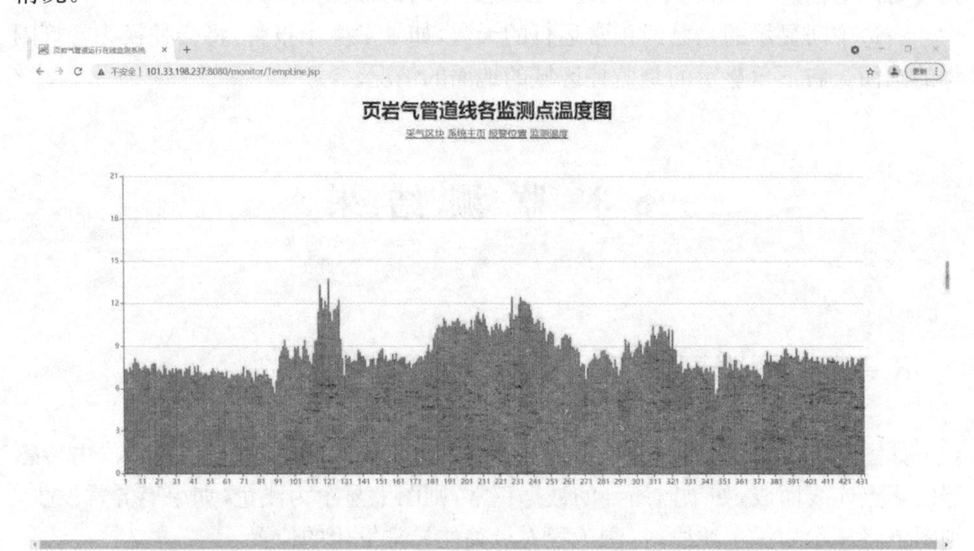

图 2.8.4　页岩气管道线各监测点的温度直方图

该系统已在涪陵页岩气 87 号集气站进行了应用示范，并于 2020 年 9 月、10 月和 12 月 3 次成功监测到地下管线的泄露，系统比现有地面监测设备至少提前 3 h 发出预警，为现场处置争取时间，预防了生产安全事故发生，减少了企业损失。图 2.8.5 展示了该系统在涪陵页岩气集气站现场的应用情况。

图 2.8.5　页岩气管道运行在线监测系统在页岩气集气站中的应用现场

8.4 案例小结

本案例介绍了作者所在研究团队围绕页岩气管道运行在线检测需求，通过团队合作和联合技术攻关，运行信号采集、分析和处理技术研发了页岩气管道运行在线检测系统，该系统已在涪陵页岩气 87 号集气站、3 公里输气管线进行了示范性应用，实现了对页岩气输气管道泄漏的实时监测和泄漏点的精准定位，为页岩气管道运行提供了安全保障。本系统运行效果良好，受到了中石化重庆涪陵页岩气勘探开发有限公司的一致好评。

重庆涪陵页岩气田是全球第二的大型页岩气田，本案例利用智能信息处理技术解决了涪陵页岩气管道监测中的难题，提升了页岩气管道监测的智能化水平，对保障页岩气管道安全运行及我国能源安全起到了重要作用。从这个案例中也可以看出，关键技术是等不来、靠不来的，只有做到关键技术的自主可控，才能保持国家的强盛。当今的国际环境风云变幻，促使我们更加清醒地认识到科技自强的重要性。广大青年科技工作者应该树立报效国家的远大理想，不畏艰难、无私奉献，把个人理想融入国家发展的伟业之中，为科技强国和中华民族伟大复兴而不懈奋斗。

参考文献

[1] 潘学忠.分布式光纤传感技术在岩溶地区桩基检测中的应用[J].安徽建筑,2023,30(02):165-166,186.

[2] 燕东源,李长作,郝海龙,等.基于分布式光纤传感技术的边坡岩土体变形智能监测[J].自动化与仪器仪表,2022(12):176-180,185.

[3] 尹海松.分布式光纤传感技术在桩基检测中的应用[J].智能建筑与智慧城市,2022(11):176-178.

[4] 黄兴旺.长距离分布式光纤传感技术研究[J].科技资讯,2022,20(20):32-35.

[5] 焦婷,李红雷,魏本刚,等.基于分布式光纤传感的超导电缆漏热监测系统[J].低温与超导,2022,50(06):66-70,83.